Theile-Weyres

Grundlagen der Kathodenstrahlröhren

Grundlagen der Kathodenstrahlröhren

VON

DR. R. THEILE UND DR. TH. WEYRES

Mit 172 Abbildungen

Zweite Auflage

1950

TECHNISCHER VERLAG HERBERT CRAM

BERLIN W 35

Satz und Druck von Oswald Schmidt GmbH., Leipzig M 118
Zahlungsgenehmigung 13/05 V

Vorwort zur 2. Auflage

Die Kathodenstrahlröhren haben in den letzten Jahren eine stets wachsende Bedeutung erlangt. Als Oszillograph z. B. sind sie zu einem unübertroffenen Hilfsmittel bei allen Schwingungsuntersuchungen geworden, im Fernsehen werden sie als Bildwiedergabegerät im Empfänger und auch zur Bildaufnahme im Sender benutzt und viele Forschungsergebnisse in der modernen Naturwissenschaft sind erst durch exakte Messungen mit solchen Röhren möglich geworden.

Die rasche Verbreitung der Kathodenstrahlröhren in Wissenschaft und Technik bedingt, daß ein wachsender Kreis von Forschern und Technikern mit derartigen Röhren in Berührung kommt. Um mit den Röhren richtig und verständnisvoll arbeiten zu können, muß man aber von der grundsätzlichen Arbeitsweise gewisse Vorstellungen haben.

Das vorliegende Buch will eine solche Einführung in die Grundlagen der Kathodenstrahlröhren geben, in allgemeinverständlicher Darstellung, nur unter Voraussetzung gewisser elektrotechnischer Grundkenntnisse. Dabei glauben wir, daß auch für den Fachmann das Buch als eine in der vorliegenden Form wohl noch nicht vorhandene Zusammenfassung von Interesse und Wert sein kann.

Die Absicht, im wesentlichen nur die grundsätzlichen Vorgänge klar zu legen, bedeutete einen unvermeidlichen Verzicht auf die Darstellung interessanter theoretischer und spezieller Probleme (wie z. B. die Grenzleistungsfähigkeit der Röhren, Probleme der Hochfrequenzoszillographie, Mikrooszillographie usw.). Andrerseits schien uns aber gerade eine übersichtliche Darstellung der Grundlagen in der Literatur zu fehlen, die dem Leser die notwendigen Grundkenntnisse für das eigene Arbeiten und zum Verständnis der Spezialliteratur vermittelt.

Weil die Grundlagen trotz der mannigfach variierenden Ausführungsformen der Röhren in der Technik die gleichen bleiben, konnten wir die vorliegende zweite Auflage nahezu unverändert gegenüber der ersten (im Jahre 1944 herausgegebenen) Auflage lassen, obwohl nicht alle der in den Abbildungen gezeigten Röhren z. Zt. im Handel sind, bzw. noch nicht wieder hergestellt oder durch andere Formen in der kommenden Fertigung ersetzt werden. Die Bilder zeigen aber das Typische, und darauf kommt es in diesem Rahmen an.

Die früher benutzten Kathodenstrahlröhren mit kalter Kathode und solche mit Glühkathode und Gasfüllung werden nicht besprochen, da sie nur noch selten Verwendung finden und weil man heute praktisch nur noch Hochvakuumröhren mit Glühkathode baut.

Die praktische Erfahrung lehrt, daß die Erfolge bei dem Arbeiten mit Kathodenstrahlröhren zu einem großen Teil von dem richtigen Zusammenwirken der Röhre mit den angeschlossenen Betriebsgeräten abhängt. Aus diesem Grunde haben wir im letzten Abschnitt auch die Grundlagen dieser Geräte behandelt.

Unser Dank gebührt den verschiedenen Firmen (Telefunken GmbH, A. E. G., Fernseh GmbH, Opta Radio AG, Philips, Siemens & Halske) für die freundliche Überlassung von Abbildungen der von ihnen hergestellten Röhren und Geräte, und ebenso dem Verlag, der diesen Neudruck trotz der Fülle der nach dem Krieg notwendigen Druckarbeiten so verständnisvoll bevorzugte.

Marburg/Bad Godesberg, August 1950

Die Verfasser

Inhalt

Einführung

1. In der Technik spielen **Schwingungsvorgänge** eine besonders wichtige Rolle. In der **Elektrotechnik** haben sie z. B. für die gesamte **Nachrichtentechnik** grundlegende Bedeutung. Der technische Wechselstrom ist ein elektrischer Schwingungsvorgang, bei dem der Elektronenstrom fünfzigmal in der Sekunde hin- und herschwingt. Beim Telefongespräch sind es den Sprachlauten entsprechende **niederfrequente Schwingungen** des elektrischen Stromes, die in den Drähten fortgeleitet werden, bei der drahtlosen Telegraphie sind es **hochfrequente elektrische Schwingungen,** die von der Antenne als elektrische Wellen in den Äther ausgestrahlt werden. Diese wenigen Beispiele zeigen schon die Wichtigkeit der Schwingungstechnik und ihrer Hilfsmittel, von denen die Anzeige- und Meßgeräte eine besondere Bedeutung haben.

2. Zur **Anzeige** und **Messung** elektrischer Schwingungen kann man zwar die bekannten Strom- bzw. Spannungsmesser für Wechselströme benutzen, jedoch zeigen diese nur mittlere Werte oder Spitzenwerte an und lassen von der Eigenart des Schwingungsablaufs, von der **Schwingungskurve,** nichts erkennen. Aber gerade das ist oft von besonderer Wichtigkeit. Man möchte den Ablauf des Schwingungsvorgangs im einzelnen festhalten, ihn **aufschreiben** oder, wie man sagt, **„oszillographieren“.**

3. Solche Einrichtungen arbeiten nach verschiedenen Prinzipien. So ist z. B. der Aufnahmevorgang von Schallplatten ein Oszillographieren der Sprach- oder Musikschwingungen, indem die Nadel der aufnehmenden Schalldose die Schwingungszüge in die vorbeilaufende Wachsschicht eingräbt. Mit einer Lupe kann man die den Schallschwingungen entsprechenden Kurven gut erkennen (Abb. 1).

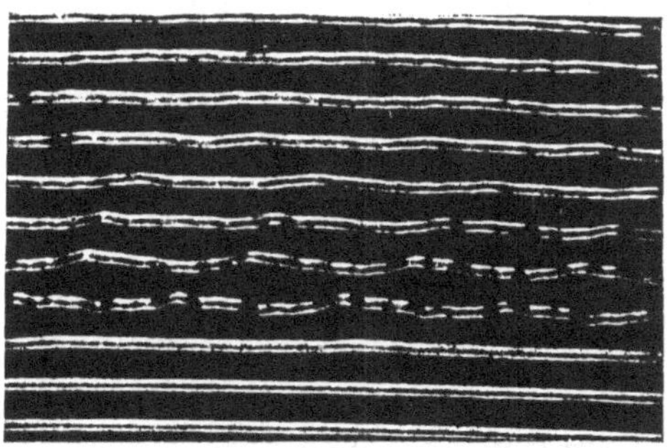

Abb. 1. Schwingungszug in den Rillen einer Schallplatte (Mikrophoto)

Nach einem anderen Verfahren kittet man auf ein kleines, besonders leichtes elektrisches Meßsystem ein Spiegelchen und läßt einen scharfgebündelten Lichtstrahl darauf fallen, der entsprechend der Spiegelstellung abgelenkt wird. Das Meßsystem (Abb.2 rechts) wird dabei meist in Form einer Leiterschleife im Magnetfeld ausgeführt (Schleifenoszillograph). Der durch die Schwingungen des Stromes abgelenkte Lichtstrahl kann entweder auf eine bewegte photographische Platte fallen oder aber man betrachtet ihn über einen Drehspiegel, der beim Rundlauf in das Auge schnell aufeinander folgende „Phasenbilder" wirft und so die einzelnen Schwingungen in zusammenhängenden Kurvenbildern erscheinen läßt (Abb. 2 links). Solche

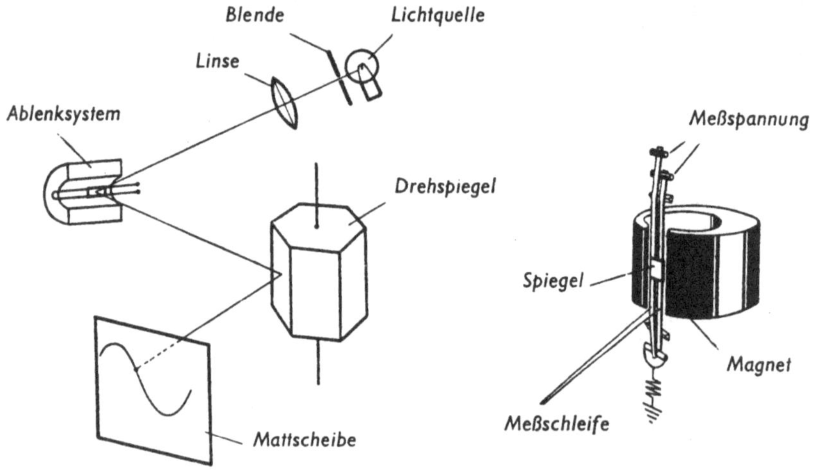

Abb. 2. Schema eines Schwingspiegeloszillographen und Ablenksystem

Einrichtungen leisten in der Technik vielfach gute Dienste. Diese Art der Schwingungsbetrachtung bzw. -aufzeichnung hat jedoch den Nachteil, daß das mechanische Aufzeichnungssystem eine gewisse **Trägheit** besitzt, die eine Aufnahme sehr schneller Schwingungen (höhere Frequenzen) nicht mehr zuläßt.

4. Es ist daher ein großer Fortschritt durch Einführung der mit viel geringerer Trägheit arbeitenden **Kathodenstrahlröhren** für oszillographische Zwecke erreicht worden. Bei diesen wird der Lichtstrahl des Schleifenoszillographen ersetzt durch ein **dünnes Bündel** von schnell fliegenden **Elektronen,** das durch elektrische und magnetische Felder leicht beeinflußt werden kann. Die Bewegung des **Elektronenstrahlbündels** wird durch das Aufleuchten eines Leuchtschirms für das Auge sichtbar gemacht. Abb. 3

zeigt den Aufbau einer solchen für oszillographische Zwecke verwendeten Kathodenstrahlröhre, deren Bestandteile in den folgenden Abschnitten eingehend besprochen werden.

5. Die ersten brauchbaren Anordnungen dieser Art sind 1897 von dem deutschen Professor für Physik **F. Braun** angegeben worden, und man nennt daher die Röhren meist **„Braunsche Röhren"**. Der andere Name **Kathodenstrahlröhren** bringt zum Ausdruck, daß das Strahlenbündel, das die Schwingungsvorgänge aufzeichnet, von der elektrischen **Kathode** in der Röhre ausgeht. Da die Röhren zum großen Teil zur **Schwingungsaufzeichnung** benutzt werden, findet man auch oft die Bezeichnung

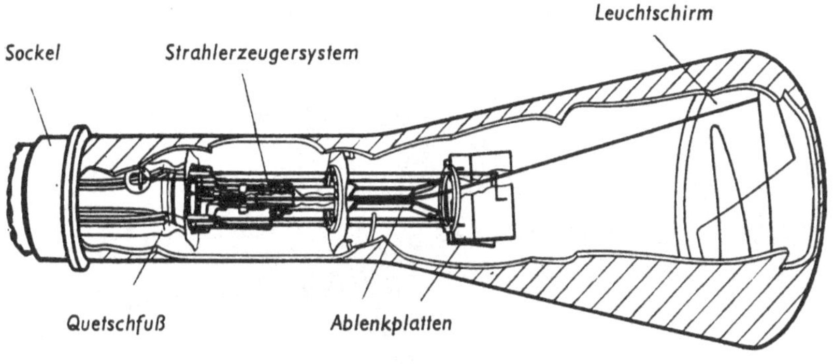

Abb. 3.
Kathodenstrahloszillographenröhre (Zeichnung nach Philips Elektro Spezial)

„Kathodenstrahloszillograph" oder, weil es Elektronen sind, die den Strahl bilden, auch **„Elektronenstrahloszillograph"**. Im vorliegenden Buch wird vorzugsweise die Bezeichnung **Kathodenstrahlröhre** benutzt.

Erfinder, Forscher und Ingenieure in aller Welt haben zu der Entwicklung der modernen Röhren beigetragen. Im Rahmen dieses Buches können wir aber nicht auf all' diese Einzelheiten eingehen, da unser Ziel die Darstellung der allgemeinen Grundlagen ist.

I. Grundsätzliches über Aufbau und Wirkungsweise der Kathodenstrahlröhren

1. Bauelemente der Kathodenstrahlröhre

6. Um die auf den ersten Blick etwas verwirrend erscheinenden Einzelheiten einer Kathodenstrahlröhre (Abb. 3) stufenweise zu erläutern, sollen

Abb. 4. Ansicht verschiedener Kathodenstrahlröhren. Links: Normale Oszillographenröhre; Mitte: Fernsehbildschreibröhre; rechts: kleine Oszillographenröhren

zunächst ganz allgemein die **Grundelemente** und ihr Zusammenwirken beschrieben werden.

Abb. 4 zeigt in vier Beispielen, wie Kathodenstrahlröhren aussehen können. Links ist eine normale, rechts sind zwei kleinere **Oszillographenröhren** und in der Mitte ist eine **Bildschreibröhre** für **Fernsehempfang** zu sehen.

Die typische äußere Form der Röhren ist in Abb. 5 schematisch dargestellt. Die Röhren werden mit wenigen Ausnahmen aus **Glas** hergestellt. Der **Glaskolben** ist luftleer gepumpt und bildet die äußere Hülle der Röhre; er hat einen zylindrischen Teil, den **Röhrenhals** und einen kegelförmig erweiterten Teil mit dem **Röhrenboden.**

7. Als Hauptbestandteil liegt in dem Röhrenhals ein **Elektrodensystem**

(Abb. 6), das aus einer Glühkathode und mehreren metallischen Blenden und Rohren besteht. Es hat die Aufgabe, ein feines Bündel von Elektronenstrahlen zu erzeugen und nach rechts in den erweiterten Teil des Röhren-

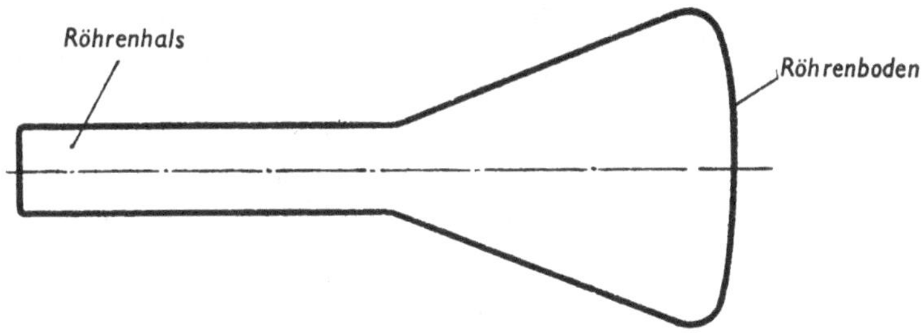

Abb. 5. Normaler Glaskolben für Kathodenstrahlröhren; das Innere wird luftleer gepumpt

kolbens einzustrahlen. Wir nennen es daher **„Strahlerzeugersystem"**. Die Zuleitungen zu den einzelnen Teilen des Systems werden durch einen **Quetschfuß** oder einen **Preßglasteller** in Leitungen aus besonderen Metallen geführt, die bei Erwärmung die gleiche Ausdehnung wie das Glas besitzen, damit bei hohen und tiefen Temperaturen der luftdichte Abschluß der Röhre gewährleistet bleibt.

Meist wird am Ende des Röhrenhalses ein **Sockel** aus Kunstharzstoffen aufgekittet, in den die Kontaktstifte eingesetzt sind.

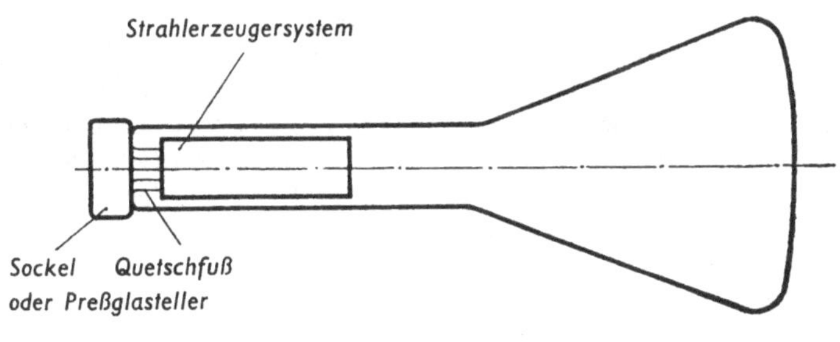

Abb. 6. Lage des Strahlerzeugersystems mit Quetschfuß und Sockel in Kathodenstrahlröhren

8. Das **Elektronenstrahlbündel** schießt aus dem Erzeugersystem in Richtung der Röhrenachse heraus und trifft, wenn es unbeeinflußt bleibt, am Ende des Röhrenkolbens die Mitte des Röhrenbodens. Dieser ist innen mit

einer **Leuchtsubstanz** versehen, die bei dem Aufprall von Elektronen je nach der chemischen Zusammensetzung in verschiedenen, dem jeweiligen Verwendungszweck angepaßten Farben aufleuchtet (Abb. 7).

Schaltet man also die Kathodenstrahlröhre ein und sieht von vorn auf die Außenseite des **Leuchtschirmes,** so zeigt sich in der Mitte des meist kreisförmigen Schirmes ein hell aufleuchtender Punkt (**Leuchtfleck, Elektronenbrennfleck, Bildpunkt**).

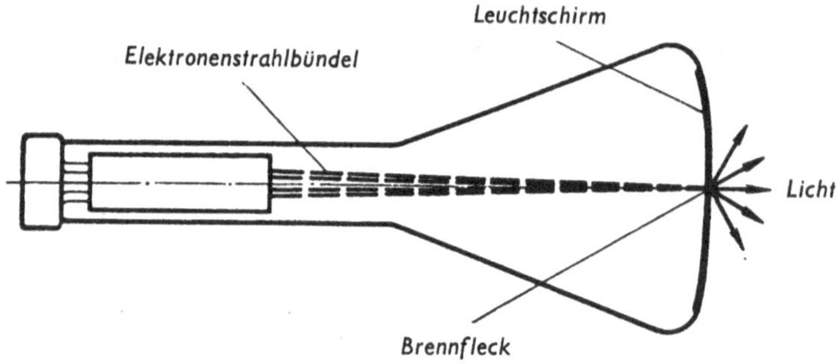

Abb. 7. Aufleuchten des Leuchtschirmes beim Aufprall des Elektronenstrahlbündels

9. Als weitere wichtige Einrichtungen der Röhre kommen die Ablenkvorrichtungen hinzu. Man will mit dem Elektronenstrahl auf dem Schirm Kurvenbilder schreiben und muß dazu das Strahlenbündel hin- und herbewegen. Dazu dienen die sogenannten **Ablenkorgane**; sie erzeugen entweder veränderliche **elektrische Felder** und sind dann als Kondensatorplattenpaare **innerhalb** der Röhre angeordnet (Abb. 8 oben), oder sie erzeugen **magnetische Felder** und werden von **außen** in Gestalt von besonders geformten Spulen über oder an den Röhrenhals geschoben (Abb. 8 unten).

Da der Leuchtschirm an der Stelle aufleuchtet, wo ihn der Elektronenstrahl trifft, macht der Leuchtfleck auf dem Bildschirm die Bewegung des abgelenkten Elektronenstrahles mit und „schreibt“ so auf dem Leuchtschirm ein Kurvenbild.

Überblick

Die wesentlichen Bauteile der Kathodenstrahlröhre sind:

1. Der **Glaskolben**; er wird luftleer gepumpt.

2. Das **Strahlerzeugersystem** zur Erzeugung eines Elektronenstrahlbündels.

3. Der **Leuchtschirm**; er leuchtet beim Auftreffen der Elektronen hell auf.
4. Die **Ablenkorgane** zur Bewegung des Elektronenstrahlbündels auf dem Leuchtschirm durch elektrische oder magnetische Felder.

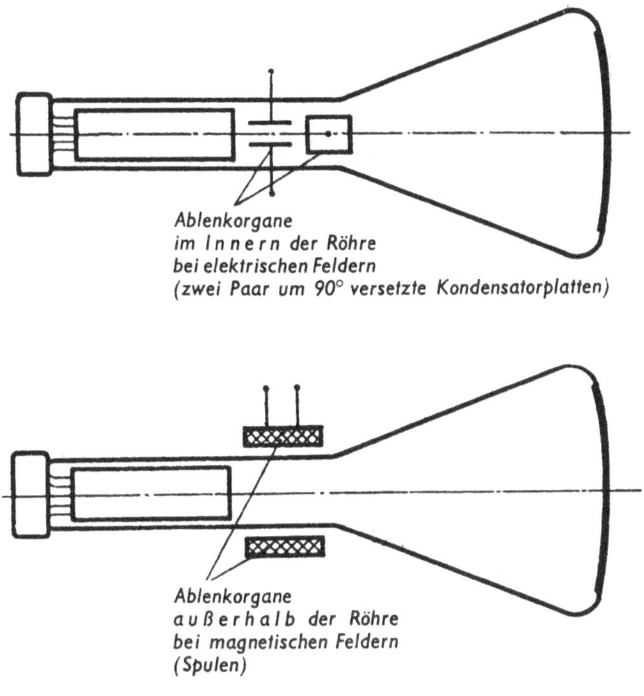

Abb. 8. Anordnung der Ablenkorgane zur Bewegung des Elektronenstrahlbündels in Kathodenstrahlröhren

2. Die Bewegungsarten des schreibenden Elektronenstrahlbündels

a) Rechtwinklige Koordinaten, gerade (lineare) „Zeitachse“

10. Am häufigsten findet man in der Wissenschaft und Technik die bildliche (graphische) Darstellung von Kurven in sogenannten **rechtwinkligen Koordinaten,** wobei unter Koordinaten zwei **voneinander abhängige Maßzahlen** eines Vorganges (etwa: Bewegung und Zeit) verstanden werden.

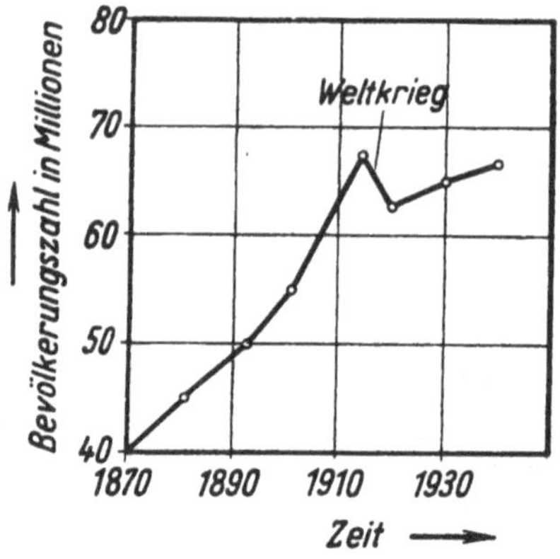

Abb. 9. Bevölkerungsdiagramm von Deutschland

Diese Art ist heute allgemein bekannt, man denke z. B. nur an die bildliche Darstellung von Bevölkerungsveränderungen in einem Schaubild.

Auf der horizontalen Achse, der **„Abszissenachse"**, sind die Jahreszahlen, Monate, Tage, kurz die Zahl der **Zeiteinheiten** angeschrieben und in Richtung der vertikalen Achse, der **„Ordinatenachse"**, die jeweilige Zahl der **beobachteten Größe,** z. B. die Einwohnerzahl eines Landes (Abb. 9).

Ein anderes Beispiel der Aufzeichnung in rechtwinkligen Koordinaten ist die selbsttätige Registrierung des Barometerstandes an einem **Barographen** auf einem Papierstreifen, der auf einer von einem Uhrwerk langsam gedrehten Trommel aufgespannt ist. Auch hier zeigt die **horizontale** Koordinate die Zeit an, die **vertikale** Koordinate die veränderliche Höhe des Luftdrucks.

11. Ganz entsprechend ist es bei der Aufzeichnung von elektrischen

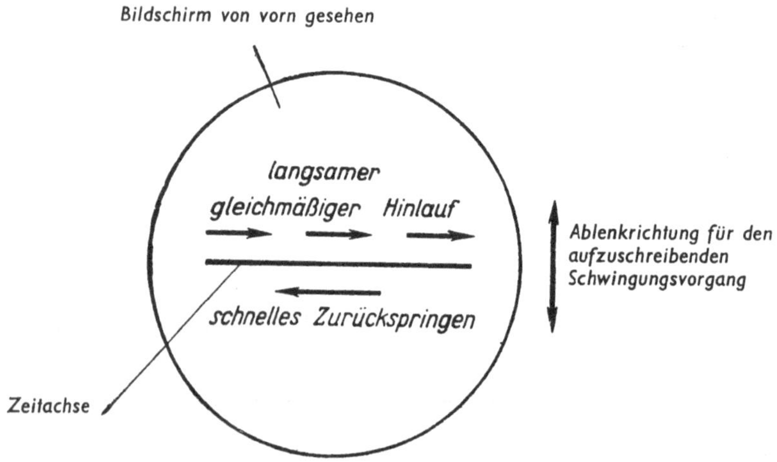

Abb. 10. Bewegung des Elektronenstrahlbündels und Leuchtfleckes auf dem Leuchtschirm der Braunschen Röhre bei Ablenkung in rechtwinkligen Koordinaten mit horizontaler Zeitachse

Schwingungen. Man will ja den **zeitlichen Ablauf** erkennen und läßt daher den Leuchtfleck auf dem Schirm der Braunschen Röhre in **horizontaler** Richtung laufen. Dabei ist eine **gleichförmige** Bewegung, d. h. eine gleichmäßige Geschwindigkeit für viele Fälle am vorteilhaftesten. Man bewegt den Elektronenstrahl mit Hilfe der Ablenkorgane auf der horizontalen Achse vom linken Rand beginnend gleichmäßig nach rechts und schreibt somit die **Zeitachse** (Abb. 10). Um eine fortlaufende Aufzeichnung beobachten zu können, muß dieser Vorgang **periodisch wiederholt** werden, d. h. wenn der Strahl am rechten Rand der Röhre angekommen ist, läßt man ihn **schnell zurückspringen** und die langsame, zeitproportionale Bewegung vom linken Rand nach rechts erneut beginnen, bis der Lichtfleck wieder den ganzen Schirm nach rechts durchlaufen hat und das Spiel von neuem beginnt. Dieser Vorgang läßt sich am besten veranschaulichen, wenn man in einem Buche dieselbe Zeile wiederholt liest. Auch dabei geht die Blickrichtung der Augen gleichmäßig vom Anfang der Zeile nach rechts zum Ende und springt dann schnell zum Anfang zurück (Abb. 11).

Man richtet es meist so ein, daß das **Zurückspringen** sehr schnell vor sich geht, so daß eine merkliche Erregung des Leuchtschirmes kaum stattfindet.

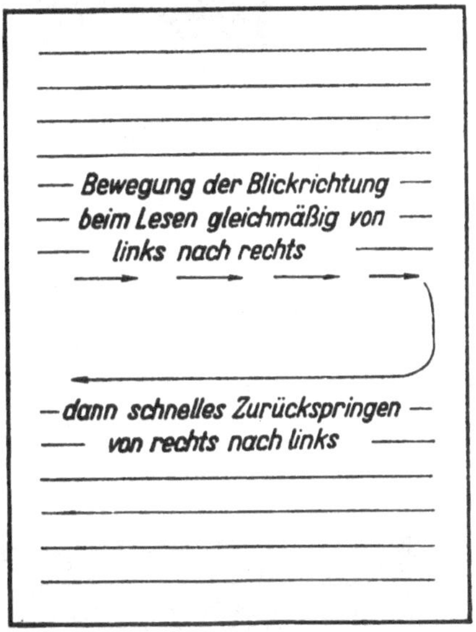

Abb. 11. Bewegung der Blickrichtung unserer Augen beim wiederholten Lesen einer Buchzeile

Erfolgt die periodische Bewegung des Strahlbündels in der Kathodenstrahlröhre **hinreichend schnell,** so erkennt das Auge die einzelnen Übergänge der Bewegung nicht mehr, sondern sieht auf dem Schirm der Röhre einen ununterbrochenen **horizontalen Strich,** die **Zeitachse.**

12. **Senkrecht zur Zeitablenkung** erfolgt nun die Ablenkung des zu beobachtenden Vorgangs, z. B. einer sinusförmigen elektrischen Schwingung. Durch die zeitproportionale Ablenkung in der horizontalen Richtung erscheint dann die Schwingungskurve in Form eines **stehenden Bildes** auf dem Leuchtschirm, wenn die periodische Wiederholung der Zeitachse in einem festen, **ganzzahligen** Verhältnis zu der aufzuzeichnenden Schwingungs-

periode steht. Dann fallen die wiederholt geschriebenen gleichartigen Kurvenabschnitte immer wieder genau übereinander und verschmelzen durch die Trägheit des Sehvorganges zu einem stehenden Bild.

In Abb. 12 ist dies an dem Beispiel der bekannten **Sinusschwingung** gezeigt. Hier ist die Häufigkeit **(Frequenz)** der Zeitablenkung gleich der hal-

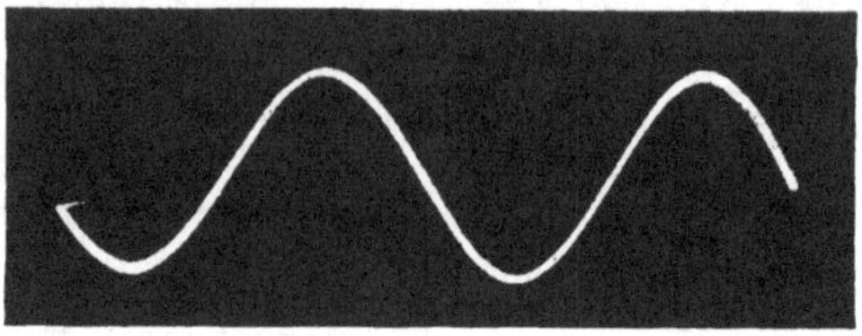

Abb. 12. Kurvenbild einer Sinusschwingung auf dem Leuchtschirm der Braunschen Röhre. Periodendauer der Zeitablenkung doppelt so groß wie die der Sinusspannung

ben Frequenz der Sinusschwingung. Man erkennt in dem Bild schwach auch die schnelle Rückbewegung des Elektronenstrahlbündels, den **Rücklauf.**

Ein anderes Beispiel zeigt Abb. 13, wo **Spannungsstöße (Impulse)** mit einer Periodenzahl im Verhältnis von 1 : 3 zur Zeitablenkung „oszillographiert" wurden.

13. Bei der Aufzeichnung von **unregelmäßigen** Schwingungsvorgängen, z. B. bei Sprachschwingungen, liegen in periodisch wiederholter Zeitablen-

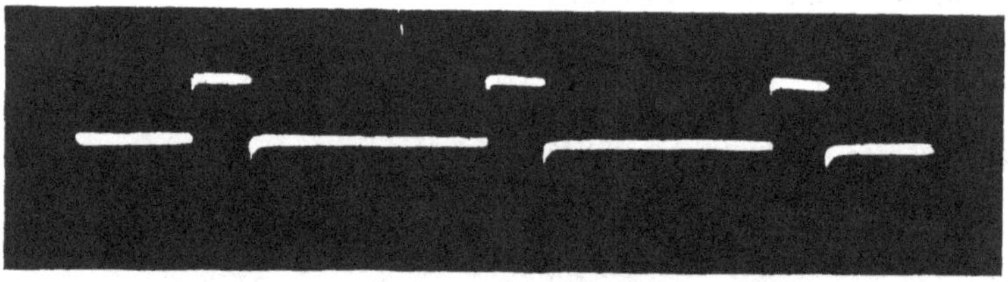

Abb. 13. Kurvenbild von periodischen Spannungsimpulsen. Zeitablenkperiodendauer das Dreifache der Impulsperiodendauer

kung **verschiedene Kurven übereinander** und geben insgesamt ein wirres Durcheinander. Es ist dann nötig, die Zeitablenkung durch besondere Vorrichtungen nur **einmal** zur Wirkung kommen zu lassen und aus den Kurven sozusagen jeweils einen bestimmten Teil herauszublenden.

14. Die Zeitachse muß nicht immer horizontal liegen, sie kann auch **vertikal,** d. h. von oben nach unten verlaufen. Dann erscheinen die beobachteten Vorgänge als **Ausschläge nach rechts oder links.**

In den häufigsten Fällen benutzt man jedoch die horizontale Lage, denn das entspricht der üblichen Darstellungsart von Zeitdiagrammen.

15. Bei der Ablenkung in rechtwinkligen Koordinaten ist es nicht immer nötig, in der einen vorzugsweise horizontalen Richtung eine periodisch sich wiederholende Zeitablenkung vorzusehen. Vielmehr kann man mit dem Kathodenstrahloszillographen auch **Kennlinien,** d. h. die **Abhängigkeit** zweier **physikalischer Größen** (z. B. Anodenstrom und Anodenspannung bei Elektronenröhren) aufschreiben. In diesem Fall bewirkt die eine Meßgröße die Ablenkung in der **einen,** z. B. **horizontalen Richtung;** in der dazu **senkrechten Richtung** lenkt die andere, davon abhängige zu messende Größe das Elektronenstrahlbündel ab. Man erhält also ein **Kurvenbild** der Abhängigkeit der beiden physikalischen Größen, also eine **Kennlinie** oder **Charakteristik.** Abb. 14 zeigt z. B. die Abhängigkeit der Anodenstromstärke einer Triode von der Gittervorspannung. Selbstverständlich muß man die zu messenden Größen dabei irgendwie **periodisch verändern** (hier die Gittervorspannung), damit auf dem Schirm eine ganze Kurve durchlaufen wird.

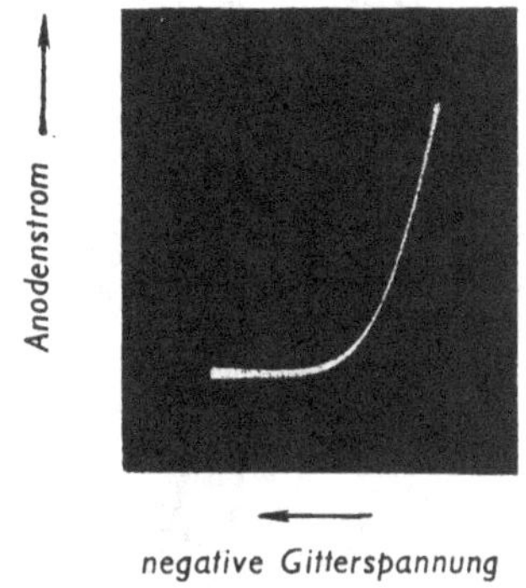

Abb. 14.
Kennlinie einer Triode

16. Für besondere Zwecke baut man **zwei** oder **mehrere** getrennte **Strahlerzeugersysteme** und **Ablenkorgane** in einen Röhrenkolben ein. Diese **„Mehrstrahlröhren"** eignen sich insbesondere für den **Vergleich** des zeitlichen Ablaufes verschiedener Vorgänge. Man wählt hierzu zweckmäßig die horizontale Zeitablenkung für beide Strahlen gemeinsam. Solche Röhren werden z. B. für den Vergleich des Schwingungszustandes (Phase) zwischen Strom und Spannung eines Wechselstromes benutzt.

Überblick

Bei der Strahlbewegung in **rechtwinkligen Koordinaten** wird das Elektronenstrahlbündel in zwei **senkrecht** aufeinanderstehenden Richtungen abgelenkt.

In **horizontaler** Richtung wird meist eine **Zeitablenkung** (Zeitachse) vorgesehen mit langsamem, gleichmäßigem „Hinlauf" und schnellem „Rücklauf".

Senkrecht dazu lenkt der zu beobachtende **Meßvorgang** das Strahlbündel ab.

Die **Zeitachse** kann auch vertikal liegen.

Es können auch in den beiden Richtungen **zwei voneinander abhängige elektrische Größen** aufgeschrieben werden, z. B. bei **Kennlinien** von Röhren.

In Röhren mit zwei oder mehreren Strahlsystemen (**Mehrstrahlröhren**) können bei **gemeinsamer** Zeitablenkung mehrere Vorgänge untereinander auf dem Leuchtschirm unmittelbar **verglichen** werden.

b) Bewegung auf einer Kreisbahn oder Spirale: „Polarkoordinaten"

17. Die gradlinige Zeitablenkung hat den Nachteil, daß der in die Rücklaufzeit fallende Teil bei der Aufzeichnung verlorengeht. Will man eine

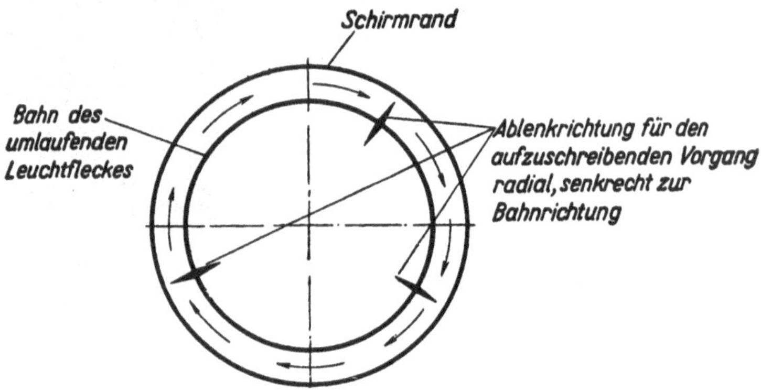

Abb. 15. Bewegung des Elektronenstrahlbündels auf einer Kreisbahn (Polarkoordinatenoszillograph)

lückenlose Darstellung haben, so muß die Zeitablenkung gleichmäßig weitergehen, d. h. als eine Kurve in sich geschlossen sein. Am günstigsten ist in dieser Beziehung die **Kreisbahn,** die sich auch für manche Anwendungen, z. B. bei der Darstellung von **Winkelstellungen** u. ä. als vorteilhaft erweist. Man läßt in diesem Falle durch geeignete Ablenkung den Strahl als **Zeitachse** in der Nähe des Randes auf dem Leuchtschirm eine **Kreisbahn** mit gleichförmiger Geschwindigkeit schreiben (Abb. 15). Der aufzuzeichnende Vorgang wird auch hier wieder **senkrecht** zur Zeitachse aufgeschrieben, also in Richtung des auf der Kreisbahn senkrecht stehenden **Radius.** Abb. 16 zeigt ein auf diese Weise geschriebenes Oszillogramm einer verzerrten Sinusschwingung und Abb. 17 das Oszillogramm zweier Impulse im Abstand von etwa acht millionstel Sekunden. Der Abstand zweier Radien ist im letzten Bild eine millionstel Sekunde, d. h. ein ganzer Umlauf erfolgt in einer zehntausendstel Sekunde.

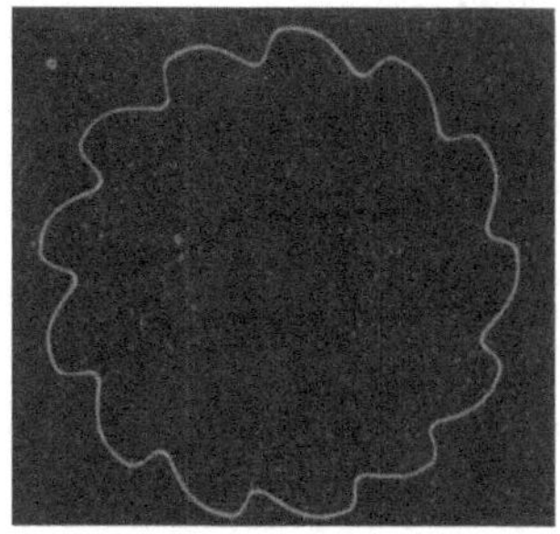

Abb. 16. Polaroszillogramm einer verzerrten Sinusspannung

18. Diese Art der Aufzeichnung entspricht der graphischen Darstellung in **Polarkoordinaten.**

In dieser Darstellungsart bezieht man bekanntlich die Lage der Punkte in der Ebene auf einen festen Bezugspunkt, den **Pol**, und auf eine feste von diesem Pol ausgehende Richtung, die **Polarachse.** Die beiden Bestimmungsgrößen sind: 1. die Entfernung (Radiusvektor r) des in der Ebene festzulegenden Punktes von dem Pol und 2. der Richtungswinkel (φ) zwischen Radiusvektor und der Polarachse.

Bei der Kreisablenkung ändert sich der Polarwinkel **proportional** mit der **Zeit** (lineare gekrümmte Zeitachse), bis er nach dem vollen Umlauf den

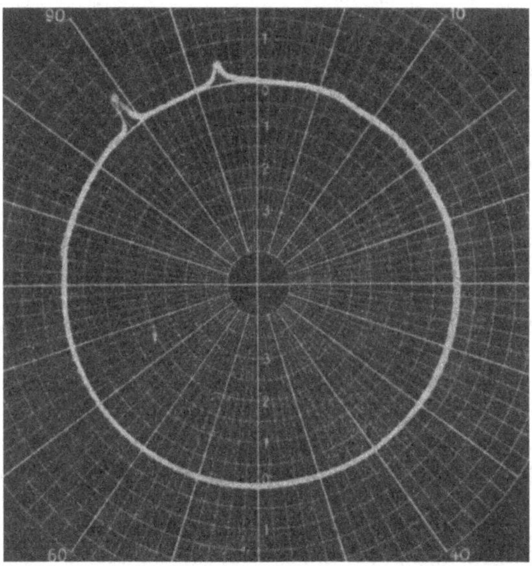

Abb. 17. Polaroszillogramm von zwei Impulsen im Abstand von etwa 8 Millionstel Sekunden (Siemens)

Anfangswert wieder erreicht. Der Meßvorgang beeinflußt die Länge des Radiusvektors r und bewirkt somit die Aufzeichnung der Meßkurve.

Man nennt die Kathodenstrahlröhren mit Kreisablenkung **„Polarkoordinatenoszillographen"**.

Neben der günstigen **lückenlosen** Aufzeichnung der Kurven ist weiterhin die **größere Länge** der Kreisbahn gegenüber der geraden Zeitachse als Vorteil zu nennen. Dies ergibt eine genauere Ablesung.

19. Um den Weg des aufzeichnenden Elektronenstrahlbündels **noch länger** zu machen und somit die Schirmfläche für den Überblick noch besser auszunutzen, kann man den **Durchmesser** der Kreisbahn im Polarkoordinatenoszillographen vom Rand bis zum Mittelpunkt **periodisch verändern.** Es ergibt sich dann eine **Spirale.** Man kann auf diese Weise den zeitlichen Ablauf der aufzunehmenden Vorgänge gleichzeitig über einen **sehr langen Zeitabschnitt** überblicken. Bei dieser Methode muß allerdings der Strahl nach Durchlaufen der Spirale wieder über einen Rücklauf an den Anfangspunkt gebracht werden.

Überblick

Im **Polarkoordinatenoszillographen** läuft der Elektronenstrahl auf einer **Kreisbahn.**

Vorteilhaft ist diese Art bei **Winkel-, Zeit- und Geschwindigkeitsmessungen (Laufzeitmessungen).**

Die Ablenkung des Strahlbündels durch den zu beobachtenden Meßvorgang erfolgt **radial,** also **senkrecht zur Kreisbahn.**

Die Vergrößerung des dargestellten Zeitabschnittes ist möglich durch gleichmäßige Veränderung des Kreisdurchmessers: Darstellung auf einer **Spirale.**

c) Parallelzeilenraster (Fernsehen)

20. Eine besonders wichtige Verwendung haben die Kathodenstrahlröhren in der **Fernsehtechnik** gefunden. Durch ihre Einführung ist vor allem der Fernseh**empfang** in einer sehr eleganten Weise technisch möglich geworden. Die Vielzahl der Vorzüge (Trägheitslosigkeit und Geräuschlosigkeit der Arbeitsweise, gute Bildhelligkeit) ließ dort z. B. die Braunsche Röhre zum praktisch ausnahmslos verwendeten **Bildwiedergabegerät** werden.

Der **Grundvorgang** beim **elektrischen Fernsehen** ist folgender: Das zu übertragende Bild wird in einer bestimmten Reihenfolge in einzelne **„Bildpunkte"** zerlegt, deren Helligkeitswerte **zeitlich nacheinander** in entsprechende elektrische Impulse umgewandelt werden. Diese elektrischen Impulse gelangen über eine Drahtverbindung oder drahtlos durch

Funkgeräte zum Empfänger, der sie wieder in Helligkeitswerte zurückverwandelt. Eine der **Bildfeldzerlegung** genau gleichartig arbeitende **Bildschreibvorrichtung** läßt aus den einzelnen Bildpunkten wieder das gesamte Bild entstehen.

Die Art der Bildfeldzerlegung und damit auch der Bildzusammensetzung im Empfänger geschieht in Form eines **Parallelzeilenrasters** genau so, wie wir eine Buchseite lesen. Zu der bereits gemäß Abb. 10 erklärten, in **horizontaler Richtung hin- und hergehenden** Bewegung kommt zusätzlich als wesentliches Merkmal hinzu, daß man nach dem Ende jeder Zeile auf den Anfang der nächsten **darunterliegenden** Zeile überspringt, bis nach Erreichen der letzten Zeile am unteren Ende die Blickrichtung quer durch das Bildfeld auf den Anfang der ersten Zeile links oben zurückspringt (beim Lesen eines Buches natürlich auf die folgende Seite!). Es gibt also außer dem ,,Hin- und Rücklauf" jeder **,,Zeile"** noch einen im Verhältnis zur Zeilenbewegung langsamen **Vorschub** mit gleichförmiger Geschwindigkeit von oben nach unten und schnellem Zurückspringen nach oben.

21. Ganz in der gleichen Art wird das Elektronenstrahlbündel in den Fernsehröhren über den Bildschirm hin- und herbewegt. Je größer der Unterschied der Periodendauer zwischen diesen beiden Ablenkbewegungen ist, um so mehr **Zeilen** fallen in die vertikale **Bildabtastung**; die Periodenzahl der Vertikalbewegung selbst ist für die **Zahl** der in der Sekunde **übertragenen Einzelbilder** maßgebend.

In Abb. 18 ist die Strahlbewegung in einem sehr groben 5zeiligen Fernsehraster schematisch dargestellt. Vom Punkt A_1 aus wird die erste Zeile gleichmäßig von links nach rechts geschrieben bis zum Punkt E_1. Durch die langsame, senkrecht dazu gleichzeitig erfolgende Vertikalbewegung liegt die Zeile etwas schräg. Von E_1 kommt der Rücklauf nach A_2, dann die zweite Zeile usw. bis zum Ende der fünften Zeile E_5, von dort geht es über den ,,Bildrücklauf" zurück nach A_1, und dann beginnt das Spiel von neuem. Die Periodenzahlen (Frequenzen) der beiden Bewegungen stehen hier im Verhältnis 1 : 5. In Wirklichkeit braucht man natürlich wesentlich höhere **Zeilenzahlen,** um eine entsprechende Feinheit der Aufzeichnung der Fernsehbilder zu ermöglichen. Dann schließen sich die Zeilen eng zusammen und bilden das rechteckige **Bildfeld** auf dem Leuchtschirm der Röhre, Abb. 19a zeigt ein auf einer Fernsehkathodenstrahlröhre geschriebenes Raster weit auseinander gezogen (große Bildablenkung); man erkennt, wie exakt die Bewegung in Übereinstimmung mit Abb. 18 erfolgt. Abb. 19b zeigt ein vollständiges Raster mit 50 Zeilen, in dem noch gut die einzelnen untereinanderliegenden Zeilen zu erkennen sind. Der in Deutschland geplante Fernsehbetrieb soll mit 625 Zeilen arbeiten. Im Ausland verwendet man: Amerika 525, England 405, Frankreich 455 (819, 1029), Holland 567 Zeilen.

22. Die Aufzeichnung der Helligkeitsimpulse (s. Ziff. 36) in dem Zeilenraster geschieht durch jeweiliges **Verändern** der **Stromstärke** des Elektronenstrahls und damit der **Leuchtstärke** des schreibenden Leuchtfleckes. Der

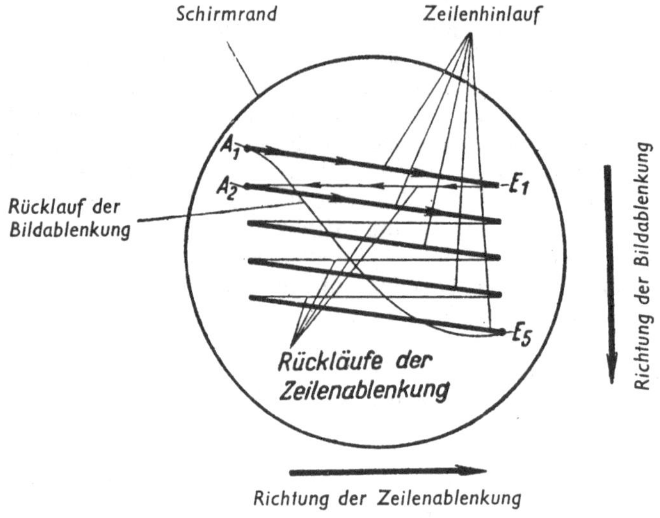

Abb. 18. Fernsehraster. Bewegung des Elektronenstrahlbündels auf dem Leuchtschirm in Form untereinanderliegender Zeilen mit gleichmäßigem, langsamem „Hinlauf" und schnellem „Rücklauf". Zurückspringen des Strahles am Ende der letzten Zeile auf den Anfang links oben

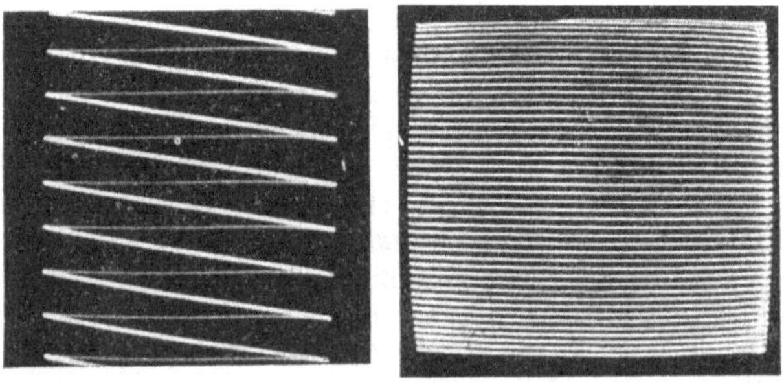

a b

Abb. 19. Photo eines weit auseinandergezogenen Rasters auf dem Bildschirm einer Fernsehkathodenstrahlröhre (links) und eines ganzen Rasters mit 50 Zeilen (rechts)

Vorgang wird also nicht durch **Ablenkung** senkrecht zur Zeitachse, wie in Ziff. 12 und 17 besprochen, aufgezeichnet, sondern durch **Steuerung der Stärke des Elektronenstromes** im Strahlerzeugersystem; es handelt sich also beim Fernsehen um eine sehr schnelle **Änderung** der Helligkeit des Leuchtflecks auf dem Bildschirm während der Rasterbewegung **(Intensitätsmodulation).**

In den photographischen Aufnahmen der Fernsehbilder einer Strichzeichnung (Abb. 20) sieht man links in dem grobzeiligen Raster, wie durch das mehr oder weniger starke Aufleuchten des Bildschirmes längs einer Zeile der Bildschreibvorgang zustande kommt. Mit dem feineren Raster

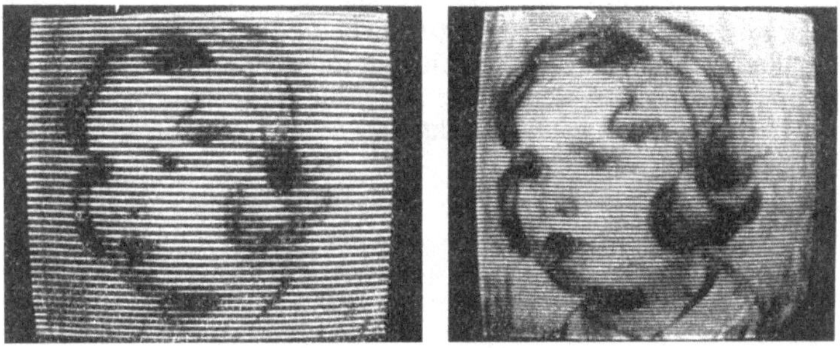

Abb. 20. Fernsehbild einer Strichzeichnung mit 50 Zeilen (links) und 100 Zeilen (rechts). Moduliertes Zeilenraster

(Abb. 20 rechts, 100 Zeilen) ist der Bildeindruck erheblich besser und weniger von der Zeilenstruktur gestört.

Folgen nun in einer Sekunde etwa 20 Bilder oder mehr hintereinander, so kann man **Bewegungsvorgänge** ebenso bildmäßig übertragen, wie dies beim Laufbild im Film geschieht, weil das Auge infolge seiner „Nachbilder" die einzelnen Bilder ineinander überführt und so einen geschlossenen Bewegungsvorgang sieht.

Überblick

Die Bewegung des Elektronenstrahlbündels in Form des **Parallelzeilenrasters** entspricht der Augenbewegung beim Lesen einer Buchseite.

Die horizontale Ablenkung ergibt die **Zeilen,** die vertikale „Bildablenkung" die Zahl der ein ganzes **Bild** zusammensetzenden Zeilen.

Das Fernsehbild wird durch entsprechende **Veränderung** der **Stärke** des Elektronenstrahlbündels und damit durch ein **verschieden starkes Aufleuchten** des Leuchtschirmes geschrieben **(Intensitätsmodulation).**

II. Das Strahlerzeugersystem

1. Allgemeiner Überblick

23. Das Strahlerzeugersystem hat die Aufgabe, **Elektronen freizumachen,** zu **beschleunigen** und so zu **bündeln,** daß ihre Flugbahnen möglichst in einem Punkt auf dem Leuchtschirm zusammenlaufen. Das **Loslösen** von Elektronen geschieht durch **Erhitzung** geeigneter Substanzen (Glühemission), und die **Beschleunigung** sowie die **Bündelung** der freien Elektronen wird mit geeigneten **elektrischen** und **magnetischen Feldern** erreicht.

Elektronen sind bekanntlich negativ elektrisch geladen und lassen sich daher leicht durch elektrische Felder beeinflussen. Von positiven Ladungen werden sie angezogen, von negativen abgestoßen. Ebenso übt das magnetische Feld ablenkende Wirkungen auf die in der Röhre fliegenden Elektronen aus, wobei die Ablenkrichtung jeweils von dem Richtungssinn der Kraftlinien des magnetischen Feldes abhängt. Auf diese Weise kann man die Laufbahnen der Elektronen durch entsprechende Anordnungen der das elektrische oder magnetische Feld erzeugenden Elektroden bzw. Spulen willkürlich beeinflussen.

Wie die Lichtstrahlen in Glaslinsen gebrochen werden, so übt das elektrische oder magnetische Feld eine ähnliche brechende Wirkung auf Elektronenstrahlen aus. Ein besonderer Zweig der modernen Physik beschäftigt sich mit dieser sogenannten **„Elektronenoptik“**, und erst die hier gewonnenen Forschungsergebnisse haben die rasche Entwicklung der Kathodenstrahlröhren ermöglicht.

Bei der Arbeitsweise der Strahlerzeugersysteme handelt es sich also um drei wesentliche Aufgaben (Abb. 21):

1. Die **Elektronenerzeugung,**
2. die **Beschleunigung der Elektronen,**
3. die **Sammlung** der austretenden Elektronen in ein kegelförmiges **Strahlbündel** mit der Spitze auf dem Leuchtschirm.

Diese einzelnen Stufen sollen im folgenden näher erläutert werden.

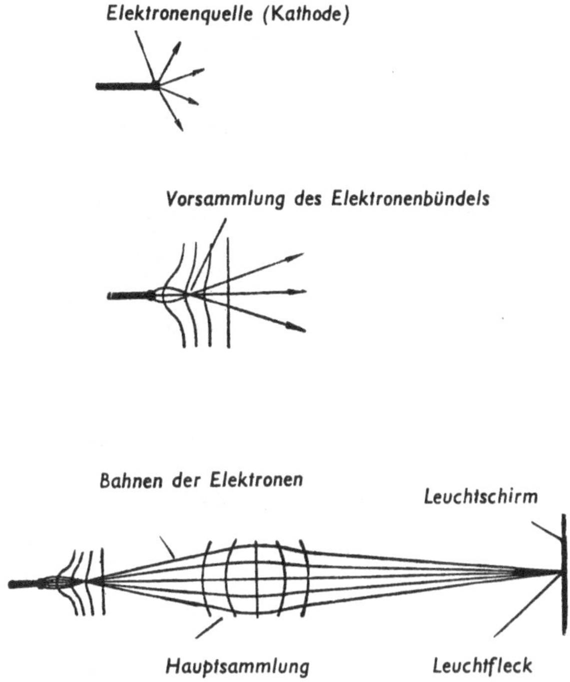

Abb. 21. Zur Arbeitsweise des Strahlerzeugersystems: Elektronenauslösung, Vorsammlung und Hauptsammlung

2. Die Elektronenquelle (Glühkathode)

24. Die einfachste Form einer Elektronenquelle im luftverdünnten Raum stellt ein glühender Draht dar. In den Metallen sind die Elektronen nicht alle gebunden, sondern ein Teil ist frei beweglich (Leitungselektronen). Erwärmung bedeutet Energiezufuhr, wodurch in zunehmendem Maße einige Elektronen des sog. „Elektronengases" so hohe Geschwindigkeiten erhalten, daß sie die dem Austritt entgegenwirkenden Kräfte überwinden können. Da bei dieser Art des Auslösens von Elektronen der Metalldraht verhältnismäßig stark erhitzt werden muß, so daß er hell glüht, nennt man solche Elektronenquellen **Glühelektroden.** Da man die Glühelektrode stets elektrisch mit dem **Minuspol** der Betriebsspannungsquelle verbindet, nennt man

sie **Glühkathode.** Abb. 22 zeigt die einfache Form einer solchen Glühkathode für Braunsche Röhren. An den dicken Haltedrähten ist der dünne **Glühdraht** angeschweißt. Der mittlere geknickte Teil des Drahtes glüht am stärksten und bildet somit den besonders wirksamen Bereich zur Elektronenaussendung oder, wie man sagt, zur **„Elektronenemission“.**

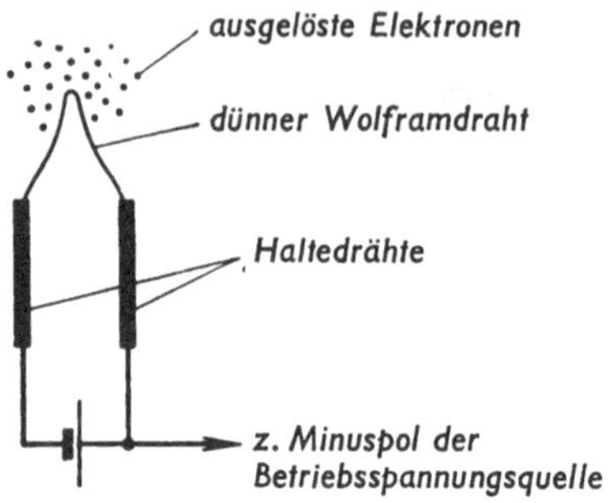

Abb. 22. Direkt geheizte Glühkathode

Als Material für den Glühdraht kommen nur Metalle in Frage, die erst bei hoher Temperatur zu schmelzen beginnen, meist das **Wolfram.** Man hat gefunden, daß ein geringer Zusatz von **Thorium** die Emission erheblich verbessert („thorierter Wolframdraht“).

Die Ausführung nach Abb. 22 nennt man eine **direkt geheizte** Kathode, weil der Heizdraht selbst die Elektronen aussendet. Diese direkte Heizung ist in technischen Röhren heute kaum mehr gebräuchlich.

25. Man verwendet heutzutage fast ausschließlich die **indirekt geheizte**

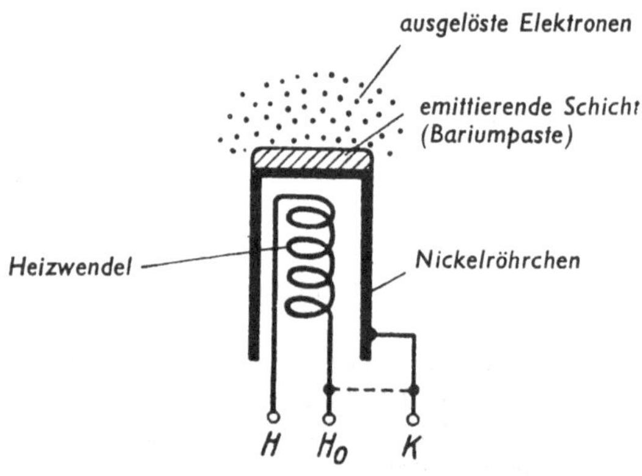

Abb. 23. Indirekt geheizte Glühkathode

Kathode nach Abb. 23. Bei ihr ist der Heizungsdraht von der eigentlichen Emissionsschicht elektrisch getrennt. Ein vorn geschlossenes **Nickelröhrchen,** innerhalb dessen sich eine **Heizwendel** befindet, gibt an der hierdurch erhitzten Stirnfläche die Elektronen ab. An Stelle des reinen Metalls verwendet man hier eine besonders aktive **Emissionsschicht** aus **Bariumoxyd,** die eine hohe Elektronenemission selbst bei niedrigen Glühtemperaturen (850°) liefert. Diese **Bariumpaste-**Kathoden sind auch in den normalen Rundfunkröhren allgemein üblich mit dem Unterschied, daß dort der ganze Mantel des Nickelröhrchens mit der aktiven Schicht überzogen ist.

Die **Trennung** der Emissionsschicht von dem Heizdraht bringt ferner den Vorteil, daß die Heizung der Kathode mit **Wechselstrom** keine elektrischen Störungen verursacht. Der Spannungszustand (Potential) auf der Emissionsoberfläche ist einheitlich, während bei der direkt geheizten Kathode

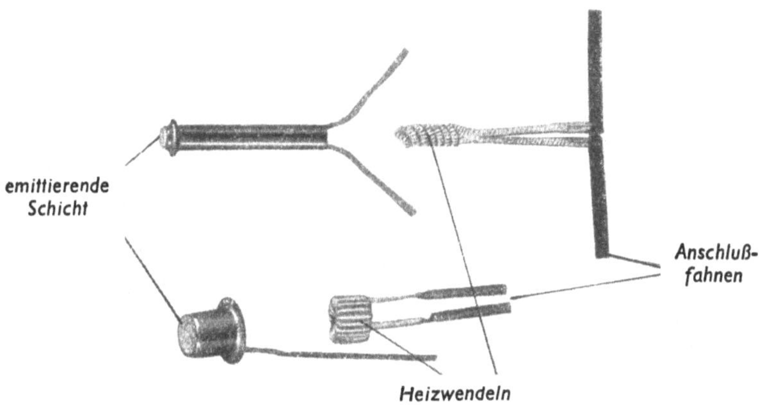

Abb. 24. Beispiele der praktischen Ausführung von indirekt geheizten Glühkathoden (Telefunken)

durch den fließenden Heizstrom ein Spannungsabfall längs des Glühdrahtes vorhanden ist, so daß der Spannungszustand an den einzelnen emittierenden Stellen des Drahtes verschieden ist. Für die notwendige Elektronenbündelung ist aber ein gleichmäßiger Spannungszustand der emittierenden Kathodenoberfläche wesentlich.

26. In Abb. 24 sind zwei **technische Ausführungen** von indirekt geheizten Glühkathoden dargestellt. Man erkennt in den Bildern jeweils links das Nickelröhrchen, auf dessen Stirnfläche die weiße Bariumpaste aufgetragen ist. Rechts davon sind die Heizwendeln sichtbar, die aus den Nickelröhrchen herausgezogen sind. Sie sind aus Wolframdraht hergestellt, der mit einer Isoliermasse (Aluminiumoxyd) bespritzt ist, um die einzelnen Windungen gegeneinander wärmebeständig zu isolieren und Kurz-

schlüsse zu vermeiden. Zum elektrischen Anschluß sind die Drahtenden der Heizwendel mit besonderen Anschlußfahnen versehen.

Die indirekt geheizte Kathode hat **drei** elektrische Anschlüsse, zwei für die Heizwendel (Abb. 23) (H_0, H) und einen für die eigentliche Kathodenschicht (K). Oft jedoch wird ein Anschluß der Heizwendel mit dem der Kathode zusammengelegt (H_0), um eine Durchführung durch den Glasquetschfuß zu sparen.

Die Heizspannung normaler Kathoden beträgt meist 4 oder 6,3 Volt, der Heizstrom etwa ½ bis 1 Ampere. Spezialröhren werden auch für andere Werte (z. B. 12,6 Volt) gebaut.

Die indirekt geheizten Kathoden benötigen – ebenso wie die normalen Kathoden in Rundfunkröhren – eine gewisse Anheizzeit, bis sich die Kathodenschicht auf die nötige Betriebstemperatur erwärmt hat. Demgemäß sind die Röhren nach dem Einschalten erst nach einer bestimmten Zeit (½ bis 1 Minute) betriebsfähig.

Überblick

Zur **Elektronenemission** in Kathodenstrahlröhren dienen **Glühkathoden.**

Die **direkt geheizte** Glühkathode besteht aus einem **glühenden Wolframdraht,** meist mit Thoriumzusatz.

Die **indirekt geheizte** Kathode enthält ein **Nickelröhrchen,** in dem die **Heizwendel** elektrisch isoliert liegt und an dessen Stirnseite sich die **Emissionsschicht** befindet.

Zur **Elektronenemission** benutzt man eine Schicht mit **Bariumoxyd** (Bariumpaste-Kathode).

3. Die Beschleunigung der Elektronen

27. Die Glühkathode sendet die Elektronen in ihre unmittelbare Umgebung aus. Es bildet sich also in ihrer Nähe eine **Elektronenwolke,** die eine negative Ladung des Raumes darstellt und daher als **Raumladung** bezeichnet wird (vgl. Abb. 22).

Infolge dieser sich ausbildenden Raumladung wird der Austritt weiterer Elektronen verhindert, denn die „negativen" Elektronen in der Umgebung der Kathode üben auf die aus der Kathode weiterhin austretenden Elektronen eine abstoßende Wirkung aus, sie drücken sie sozusagen in die Glühkathode zurück und hindern den Austritt weiterer Elektronen.

Damit nun ein dauernd fließender Elektronenstrom zustande kommt, müssen die aus der Kathodenoberfläche ausgelösten Elektronen abgesaugt werden. Es muß ein **elektrisches Feld** in der Nähe der Kathode vorhanden sein, das auf die Elektronen eine beschleunigende Wirkung ausübt und somit die Raumladung aufhebt. Dies erreicht man in der von den Rundfunkröhren her bekannten Weise durch die Einführung einer weiteren Elektrode, der **Anode,** die gegenüber der Kathode eine positive Spannung besitzt oder – wie der technische Ausdruck heißt – eine **positive Vorspannung** hat. Es bildet sich dann in dem Raum zwischen Anode und Kathode ein elektrisches Feld aus, das die **Größe** und **Richtung** der **Elektronenbewegung** bestimmt.

28. Elektrische Felder sind z. B. vom Kondensator her bekannt. Zur näheren Kennzeichnung eines solchen Feldes zieht man meist **einige Linien gleicher Spannung** bzw. gleichen **Potentials** (daher auch **Äquipotentiallinien** genannt).

Bei dem „homogenen" Feld im bekannten Zweiplattenkondensator nach Abb. 25 sind diese Linien Geraden, die parallel zu den Platten verlaufen. Legt man z. B. an die Kondensatorplatten einen Spannungsunterschied von 100 Volt, so teilt sich dieser Wert im Innern gleichmäßig auf; die „50-Volt"-Linie z. B. liegt genau in der Mitte

In Abb. 25 ist der Minuspol der Spannungsquelle geerdet, er besitzt also den Spannungswert 0. Man erkennt an den eingezeichneten Linien gleicher Spannung, wie von links nach rechts in dem Zwischenraum die Spannung gegenüber der Nullplatte gleichmäßig zunimmt.

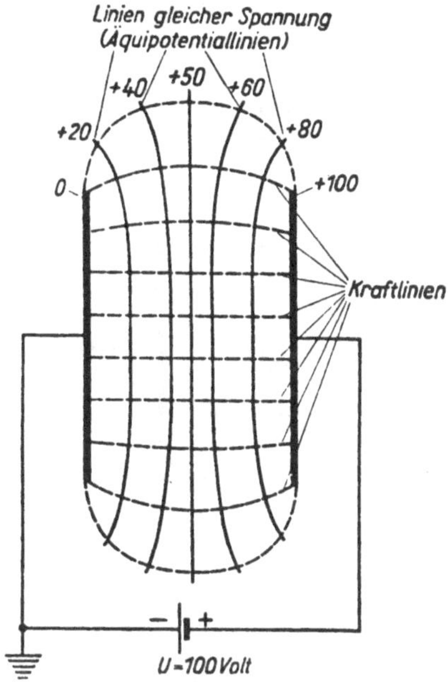

Abb. 25. Elektrisches Feld eines Plattenkondensators

Am Rand der Platten ist das Feld nicht mehr homogen, sondern es breitet sich in dem Raum aus, so daß dort die Linien gleichen Spannungszustandes gekrümmt verlaufen.

Für die Darstellung der Eigenschaften des elektrischen Feldes sind weiterhin die **Kraftlinien** von Bedeutung, die die Spannungslinien jeweils **senkrecht** schneiden. Sie geben die **Richtung der Kraft** an, die auf ein **geladenes Teilchen,** z. B. auf ein Elektron in dem Feld, ausgeübt wird. Ein Elektron, das sich von oben nach unten zwischen den Platten des Kondensators bewegt, erhält also einen Zug zur rechten Kondensatorplatte hin und wird aus seiner Bahn in diesem Sinne abgelenkt.

Ein weiteres Feldbild zeigt Abb. 26, es handelt sich um das Feld zwischen einer Kugel *K* und einer Platte *P*. Hier ist ein unregelmäßiges Feld vorhanden, die

Äquipotentiallinien sind gekrümmt und liegen bei gleichem Spannungszuwachs nicht mehr in gleichem Abstand voneinander. In der Nähe der Kugel ist der Spannungsabfall je Abstandseinheit größer als in der Nähe der Platte.

In den folgenden Feldbildern sind meist nur die Linien gleicher Spannung eingezeichnet, da dies zur Kennzeichnung der Felder genügt. Die Kraftlinien kann man sich jeweils selbst durch senkrechte Linien ergänzen.

29. Abb. 27 zeigt das **Feldbild** einer einfachen Anordnung von **Kathode** und **Anode,** die in Form eines Bleches mit einem Loch (zum Durchlaß des

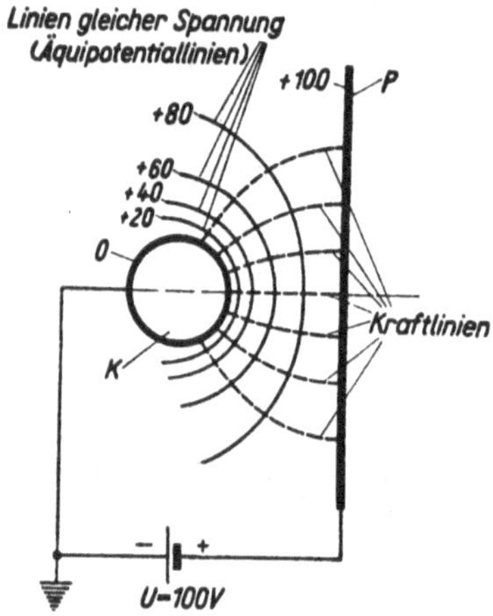

Abb. 26.
Elektrisches Feld zwischen einer Kugel und einer Platte

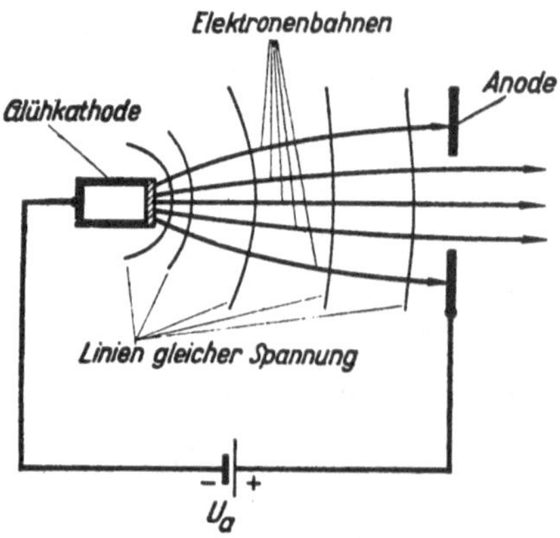

Abb. 27.
Einfache Anordnung zur Beschleunigung der Elektronen mit Anode und Kathode

Elektronenbündels) ausgeführt ist (**Lochblende**). Eine Batterie gibt die Anodenspannung U_a zur Erzeugung des elektrischen Feldes und liefert außerdem weitere Elektronen dauernd nach.

Entsprechend der Feldverteilung im Raum werden auf die an der Kathode ausgelösten Elektronen Kräfte ausgeübt, die eine **Beschleunigung** von links nach rechts bewirken. Die Raumladung wird aufgehoben, und die Elektronen fliegen diesen Kräften folgend in Form eines breiten Bündels in Richtung auf die Anode. In der Abb. 27 sind einige dieser Elektronenbahnen gezeichnet. Ein Teil der Elektronen fliegt mit der erhaltenen Geschwindigkeit durch das Loch der Anodenblende hindurch und könnte so als Elektronenstrahlbündel für die Braunsche Röhre dienen. Der andere

Teil fliegt direkt auf die Anode und ist für die Strahlbildung verloren. Es zeigt sich jedoch, daß eine Anordnung nach Abb. 27 für die Bildung eines scharfen Strahlenbündels, wie man es bei der Braunschen Röhre braucht, wenig geeignet ist, da die Elektronenbahnen von der Kathode an **auseinanderlaufen** und das entstehende Bündel zu breit ist.

Überblick

Zur **Beschleunigung** der an der Kathode ausgelösten Elektronen wird der Kathode in Richtung auf den Leuchtschirm eine **Anode** gegenübergestellt.

Die **Anode** hat meist die Form einer **Kreisscheibe** mit einer **Blendenöffnung** in der Mitte.

In bezug auf die Kathode erhält die Anode eine **positive Vorspannung.**

Bei Anlegen der Spannung bilden sich in dem Raum zwischen Kathode und Anode ein **elektrisches Feld,** das durch die **Linien gleicher Spannung** (**Äquipotentiallinien**) in den Zeichnungen dargestellt wird.

Die Elektronen werden durch das Feld von der Kathode in Richtung auf die **Anode beschleunigt** und ein Teil fliegt mit der erhaltenen Geschwindigkeit durch das Loch der Anode hindurch.

4. Die Sammlung der Elektronen

a) Die Vorsammlung

30. Die Vorsammeleinrichtung hat die Aufgabe, die zunächst strahlenförmig von der Kathode in Richtung auf die Anode austretenden Elektronen so zusammenzufassen, daß sie sich in einem Punkt vereinigen. Dies gelingt mit einer negativ vorgespannten **dritten Elektrode,** die in den Raum zwischen Kathode und Anode eingesetzt wird.

In der ersten Ausführungsform solcher Systeme erhielt diese Elektrode die Form eines Metallzylinders, der die Kathode umgibt und allgemein als **Wehneltzylinder** bekannt ist, da er von dem Deutschen **Wehnelt** zuerst eingeführt wurde. Im Schema zeigt Abb. 28 eine solche Anordnung zur Elektronenvorsammlung. Man erkennt die Kathode, die sich im Innern des beiderseitig offenen Wehneltzylinders befindet, und die Anode. Der Zylinder ist **negativ** gegen die Kathode vorgespannt (U_s). Infolgedessen übt er auf die ausgelösten Elektronen eine abstoßende Wirkung aus und drängt diese sozusagen zur Achse hin. Genauer erkennt man das an dem vor der Kathode vorhandenen elektrischen Feld, das schematisch durch die Linien gleicher Spannung in Abb. 28 angedeutet ist. Wie die aus der Kathode austretenden Elektronen beeinflußt werden, ist in einigen Flugbahnen gezeigt. Wesentlich ist, daß die Elektronen jetzt nicht mehr strahlenförmig **auseinandergehen,** sondern daß ihre Bahnen zunächst in einem engen Querschnitt zusammenlaufen. Die engste Stelle kann man als **Strahlkreuzungspunkt** ansehen, von dem aus das Bündel wieder auseinandergeht zum Hauptsammelsystem. Diese **Vorsammlung** in dem Strahlkreuzungspunkt ist außerordentlich wichtig zur Erzeugung eines scharfen Leuchtflecks auf dem Bildschirm der Röhre.

31. Heute wird meist an Stelle des Wehneltzylinders eine **Lochscheibe** verwendet, die dicht vor der Kathodenfläche sitzt und ebenfalls an negati-

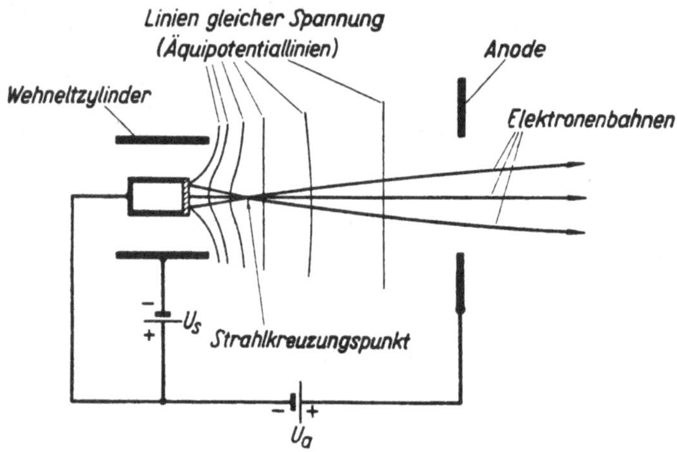

Abb. 28. Vorsammlung der Elektronen mit Wehneltzylinder

ver Spannung gegenüber der Kathode liegt. Eine solche Anordnung zeigt Abb. 29 mit dem dazu gehörenden Feldverlauf und einigen Elektronenbahnen. Grundsätzlich ist wieder die gleiche Wirkung vorhanden, die Elektronen werden in Richtung auf die Achse gesammelt und durchlaufen den Strahlkreuzungspunkt.

Die Lochscheibenanordnung hat vor allem den Vorteil, daß die beabsichtigte Wirkung der Vorsammlung schon mit **kleineren Spannungen** U_s erreicht wird, da durch den geringeren Abstand von der Kathodenoberfläche der Einfluß der negativen Spannung auf die Elektronen durch die größere Feldstärke wesentlich größer ist als beim Wehneltzylinder.

32. Das **Prinzip der Vorsammlung** findet sich auch bei **Lichtstrahlen** in den Geräten der Optik. Abb. 30 zeigt im Schema die Beleuchtungseinrichtung eines Mikroskops. Der **Kondensor** hat hier die Aufgabe, die von der Lichtquelle kommenden Strahlen zu **bündeln** und in einem Punkt an der Stelle des Objektes zu

vereinigen. Das Objekt wird dann weiter in bekannter Weise mit dem Objektiv optisch abgebildet.

Auch im Bildwerfer (Abb. 31) hat der Kondensor die Aufgabe, die von der Lichtquelle nach allen Seiten ausgehenden Strahlen **zusammenzufassen** und auf das **Diapositiv** zu lenken, damit das Bild von möglichst vielen Strahlen stark durchleuchtet wird.

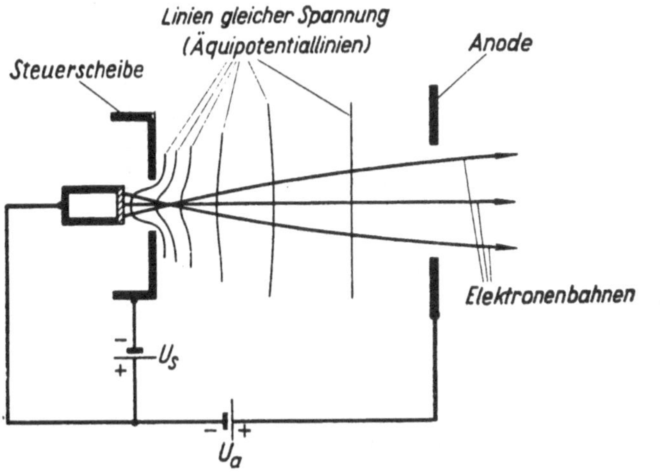

Abb. 29. Vorsammelsystem mit Lochscheibe (Steuerscheibe)

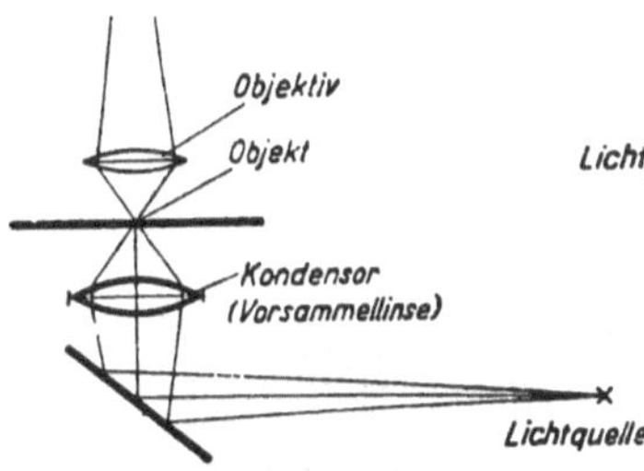

Abb. 30. Vorsammlung der Lichtstrahlen im Kondensor des Mikroskops

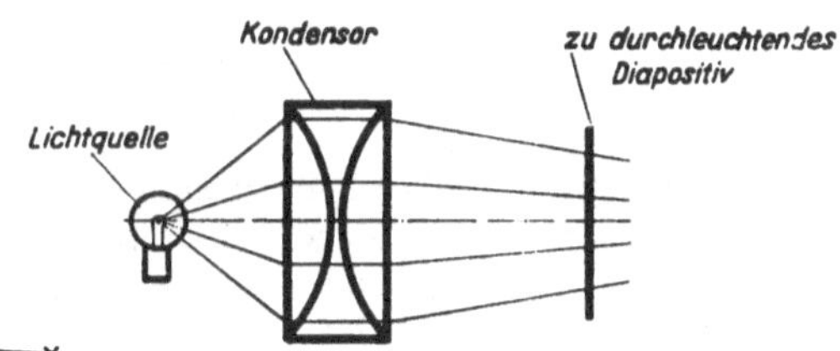

Abb. 31. Vorsammlung der Lichtstrahlen im Kondensor des Bildwerfers

33. Die Elektrode vor der Kathode hat in den Kathodenstrahlröhren noch eine weitere große Bedeutung. Man kann mit ihr die **Stärke** des Elektronenstromes und damit die **Helligkeit** des Leuchtfleckes auf dem Bildschirm ändern und den Aufgaben der Röhre entsprechend einstellen. Man kann das auf folgende Weise klarmachen:

Ist die Vorspannung U_s (Abb. 29) sehr groß, so überwiegt das negative Feld der Lochscheibe vor der Kathode sehr stark im Vergleich zu dem von der Anode „durchgreifenden" positiven Feld. Dann können überhaupt nur ganz wenig Elektronen durch das Loch austreten, denn es fehlt die beschleunigende Kraft der Anode, es bildet sich eine starke Raumladung.

Läßt man die Höhe der negativen Vorspannung U_s langsam abnehmen, so gewinnt die beschleunigende Wirkung der Anodenspannung mehr

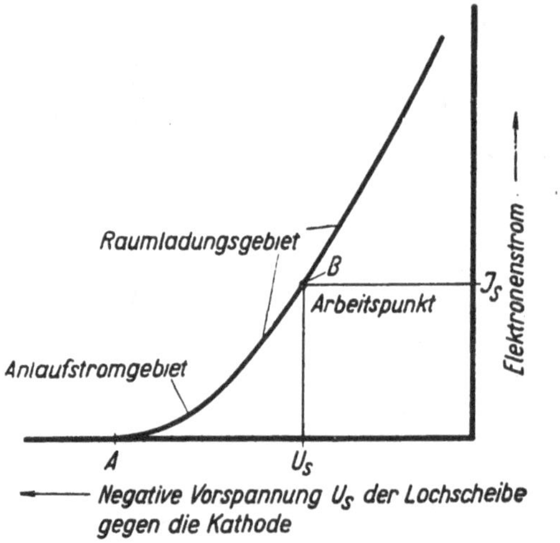

Abb. 32. Schaubild der Abhängigkeit des Elektronenstromes J_s von der Vorspannung U_s der Lochblende

und mehr Einfluß, und es können zunehmend mehr Elektronen den anziehenden Kräften folgen, der **Strahlstrom nimmt zu.**

Die gleiche Wirkung übt das um die Kathode gewendelte Steuergitter in der normalen Verstärkerröhre auf den Anodenstrom aus.

34. Man kann diese Abhängigkeit des die Kathode verlassenden Elektronenstromes von der Vorspannung U_s der Lochscheibe in einer **Kennlinie** nach Abb. 32 darstellen. Links vom Punkt A liegt das **Sperrgebiet,** d. h. es fließt **kein** Elektronenstrom, da die Vorspannung der Lochblende die Wirkung der Anodenspannung aufhebt. Mit **abnehmender** Vorspannung U_s **nimmt der Elektronenstrom zu,** und zwar erst schwach im unteren **„Anlaufstromgebiet"** und dann stärker im normalen **„Raumladungsgebiet".** Auf dieser Kennlinie liegt der durch die einmal gewählte Vorspannung U_s gegebene **Arbeitspunkt B,** dem ein bestimmter Strahlstrom J_s entspricht.

Da durch Veränderung der Vorspannung der Lochscheibe die Stärke des Strahlstromes geregelt (gesteuert) werden kann, bezeichnet man allgemein diese Elektrode auch als **Steuerscheibe** oder **Steuerelektrode.**

35. Abb. 33 veranschaulicht im Schema nochmals die Wirkung der verschiedenen Vorspannungen U_s auf die Stärke des von der Kathode aus-

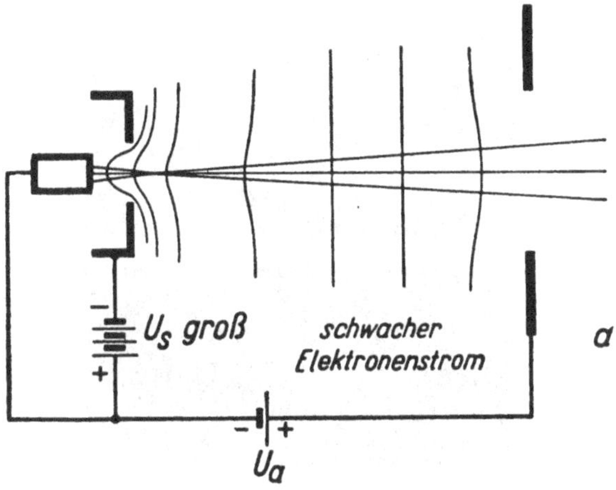

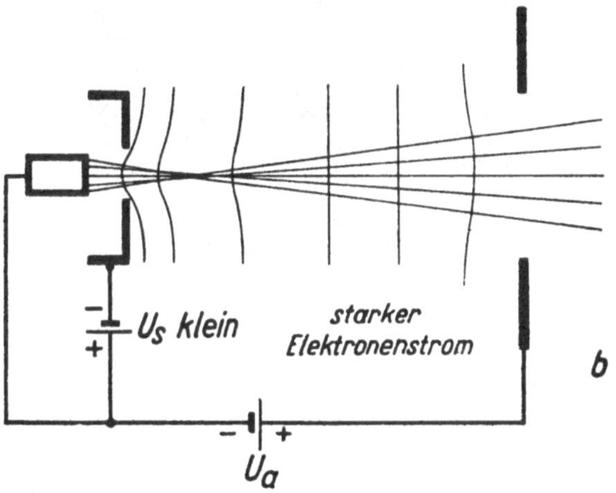

Abb. 33. Schwaches Elektronenstrahlbündel bei hoher Vorspannung der Steuerscheibe (oben) und starkes Elektronenstrahlbündel bei geringer Vorspannung (unten)

gehenden Elektronenstromes. Man sieht, wie bei starker negativer „Sperr“-Spannung nur ein ganz schmales Bündel weniger Elektronen die Kathode verlassen kann (Abb. 33a) und wie bei der Verringerung der Vorspannung ein zunehmend dichteres und breiteres Bündel austritt (Abb. 33b).

Die **Lage des Strahlkreuzungspunktes** ändert sich allerdings etwas bei dieser Regelung des Elektronenstromes. Das ist ein Nachteil und wirkt sich

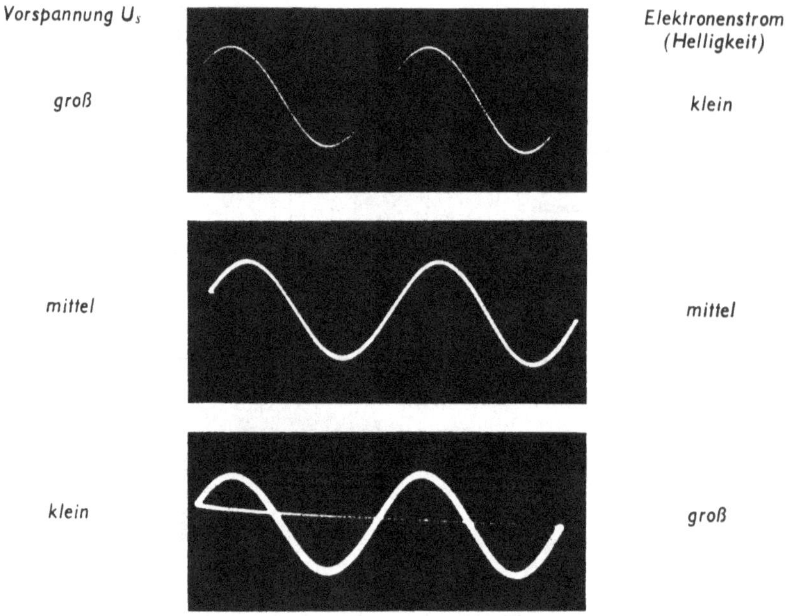

Abb. 34. Oszillogramm einer Sinuskurve bei verschiedener Vorspannung der Steuerscheibe gegen die Kathode

in der elektronenoptischen Abbildung durch Unschärfe des Leuchtfleckes aus **(Einstellfehler)**. Weiterhin wird auch die Breite, der Winkel, die „Apertur“ des Elektronenstrahlbündels mit zunehmendem Strahlstrom größer. Dies bedingt größere **Abbildungsfehler** im Hauptsammelvorgang und damit eine Herabsetzung der **Schärfe** des Leuchtfleckes auf dem Bildschirm.

Es ist eine bekannte Erscheinung bei Braunschen Röhren, daß der Leuchtfleck unschärfer wird, wenn man die Röhre „aufdreht“.

Die **Steuerwirkung** der Lochscheibe in bezug auf die Stärke des Elektronenstromes zeigt Abb. 34 an Hand photographischer Aufnahmen von Oszillogrammen. Bei hohen Vorspannungen an der Steuerscheibe ist der **Strahlstrom klein** und die **Helligkeit** des Bildes **gering,** bei geringeren Vorspannungen ist die **Helligkeit groß,** aber die **Bildschärfe** läßt nach.

36. In den **Oszillographenröhren** wird mit der Vorspannung der Steuerscheibe die Helligkeit des Bildes einmalig fest eingestellt.

In den **Fernsehröhren** hingegen legt man an die Steuerscheibe die **Bildmodulationsspannung,** die eine entsprechende laufende Veränderung der Helligkeit des Bildpunktes auf dem Schirm bewirken soll. In diesem

Abb. 35. Kathodenhalterung (links) und Steuerscheibe (rechts) einer Braunschen Röhre (Telefunken)

Fall kommt es sehr darauf an, daß bei der **Helligkeitssteuerung** weder die **Lage** des Strahlkreuzungspunktes noch die **Breite** des Elektronenstrahlbündels allzu stark verändert werden, damit in allen Teilen des Bildes eine einwandfreie Schärfe vorhanden ist.

37. Die **technische Ausführung** des Zusammenbaues der Kathode mit der Steuerelektrode stellt an die **mechanische Genauigkeit** bei der Herstellung des Systems hohe Anforderungen. Der Abstand der Steuerscheibe von der Kathode beträgt meist nur Bruchteile eines Millimeters und muß im Betrieb trotz der verhältnismäßig großen Erwärmung der Kathode und der damit verbundenen Ausdehnung der Aufbauteile unverändert bleiben. Es kommt also auf eine besonders gute **Halterung** der Kathode an, die meist mit Hilfe von Keramikscheiben erreicht wird. Ein Beispiel des Aufbaues zeigt Abb. 35, wo links die Halterung der Kathode zwischen den beiden Isolierscheiben aus keramischer Masse sichtbar ist. Die Scheiben werden von einem Metallzylinder in fester Entfernung voneinander gehalten. Die Kathode selbst entspricht der in Abb. 24 unten gezeigten Ausführung. Die **Steuerelektrode** mit der kleinen Lochblende ist rechts gezeigt. Sie wird über den Kathodenaufbau geschoben. Dabei dient der zylindrische Teil als Füh-

rung. Elektrisch ist dieser Teil unwirksam, deshalb ist auch die Bezeichnung „Steuerzylinder" hier nicht zutreffend.

Abb. 36. Kathodenaufbau mit geöffneter Steuerscheibe (AEG)

Eine andere technische Ausführung eines Kathodensystems zeigt Abb. 36. Auch hier ist die Kathode in Keramikscheiben montiert. Die Steuerscheibe mit dem kleinen Blendenloch ist zurückgeklappt, um den Aufbau deutlicher erkennen zu lassen.

Ist die Halterung der Kathode mangelhaft, so kann es vorkommen, daß im Betrieb die Kathode an die Steuerscheibe anstößt. Dies wirkt sich dann in dem von der Röhre geschriebenen Bild so aus, daß der Leuchtfleck dauernd eine große Helligkeit hat, eine Helligkeitsregelung also nicht mehr möglich ist, und daß der Leuchtfleck unscharf wird (Wegfall der Vorsammlung).

Überblick

Zur **Bündelung** der zunächst nach allen Seiten fliegenden Elektronen wird zwischen Kathode und Anode eine weitere Elektrode **(Lochscheibe)** dicht vor die Kathode gesetzt, die eine **negative** Vorspannung gegen die Kathode erhält **(Elektronenvorsammlung).**

Die Elektronen laufen nach Verlassen der Kathode in Richtung auf die Strahlachse zusammen **(„Strahlkreuzungspunkt")** und gehen dann in Form eines sich schwach verbreiternden Bündels weiter.

Die Lochscheibe dient gleichzeitig zur **Veränderung** der **Elektronenstromstärke (Steuerscheibe). Hohe** negative Vorspannung bedingt **kleinen** Strom und damit geringere Helligkeit des Leuchtfleckes auf dem Bildschirm; **kleine** Vorspannung bedingt **großen** Strahlstrom.

Bei den **Oszillographenröhren** wird mit der Vorspannung der Steuerscheibe die richtige **Bildhelligkeit** für die zu schreibende Kurve eingestellt.

Bei den **Fernsehröhren** wird an die Steuerscheibe die **Modulationsspannung** zur Helligkeitssteuerung des schreibenden Leuchtfleckes gelegt.

b) Die Hauptsammlung

38. Das Hauptsammelsystem hat die Aufgabe, die Elektronenstrahlen so zu bündeln, daß sie auf dem Leuchtschirm in einem scharfen Leuchtfleck

zusammenlaufen. Man benutzt hierzu sogenannte **„elektronenoptische Linsen"**, die in Form von drehsymmetrischen **elektrischen** oder **magnetischen Feldern** verwendet werden.

Abb. 37 zeigt einen Schnitt durch eine als Hauptsammellinse viel verwandte **„elektrische Linse"**, die sogenannte **Rohrlinse.** Zwei Metallrohre werden auf kleinen Abstand einander gegenübergestellt. An ihnen liegen verschiedene elektrische Spannungen, die eine habe z. B. die Spannung U_1 gegen die Kathode des Strahlerzeugersystems, die andere U_2. Es bildet sich dann in dem Innenraum ein **elektrisches Feld,** das in der aus dem vorhergehenden Abschnitt bekannten Weise durch die **Linien gleicher Spannung**

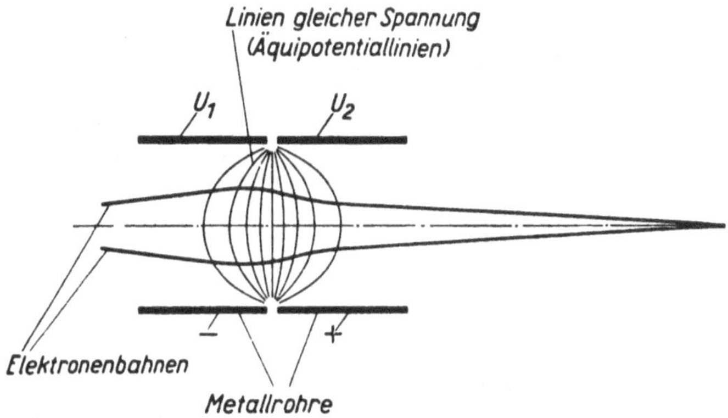

Abb. 37. Schnitt durch eine elektrische Rohrlinse

dargestellt ist. Da die Zeichnung einen Schnitt darstellt und das Feld drehsymmetrisch zur Achse liegt, erkennt man, daß die Flächen gleicher Spannung hier etwa die Form von Kugelschalen haben.

Elektronen, die in ein solches Feld gelangen, werden entsprechend abgelenkt. Kommen sie von links nach rechts (Abb. 37) und besitzt der erste Zylinder eine kleine positive Vorspannung U_1, der zweite eine größere positive Vorspannung U_2 gegenüber der Kathode, so ist der erste Zylinder negativ gegen den zweiten vorgespannt. Infolge dieser Spannungsdifferenz bildet sich das brechende Linsenfeld, und so wird ein ursprünglich (von der Kathode) auseinandergehendes Elektronenbündel **gesammelt** und in einem ,,Bildpunkt" vereinigt. Wie die beiden eingezeichneten Elektronenbahnen zeigen, ist genauer betrachtet in dem vorderen Teil des Feldes eine **starke Sammelwirkung,** in dem hinteren Teil eine **schwächere Zerstreuungswirkung** vorhanden, so daß insgesamt die Sammlung überwiegt.

39. Eine solche Rohrlinse verhält sich ähnlich wie eine Glaslinse für Lichtstrahlen in der Lichtoptik: Abb. 38 veranschaulicht diesen Vergleich. Oben ist der normale optische Abbildungsvorgang gezeigt. Von dem Gegenstand links (z. B. einer punktförmigen Lichtquelle, Bogenlampe oder dgl.) entwirft die Linse auf einem Schirm (Mattscheibe) ein optisches Bild.

Ganz ähnlich in der Elektronenoptik: Von der Elektronenquelle erzeugt die elektronenoptische Linse auf dem Leuchtschirm ein elektronenoptisches Bild, das auf dem Leuchtschirm als leuchtender Punkt wahrgenommen wird.

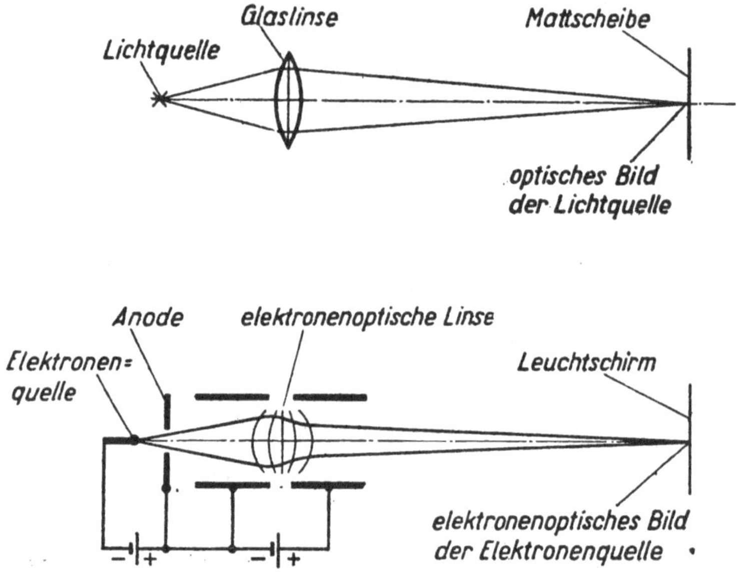

Abb. 38. Ähnlichkeit der Elektronenoptik mit der Lichtoptik

40. Wie bei Glaslinsen in der Optik, so spricht man auch in der Elektronenoptik von der **Brennweite** bzw. von der **Brechkraft** der Linsenanordnungen. Während aber die Glaslinsen eine feste Brennweite haben, so kann man in der Elektronenoptik durch Änderung des elektrischen Feldes die Brennweite verändern, bei der Rohrlinse nach Abb. 37 z. B. durch Veränderung des Spannungsunterschiedes $U_2 - U_1$.

Man kann demnach die **Elektronenbündelung verschieden stark** machen. Dies ist bei den Braunschen Röhren von großer Bedeutung für die richtige Einstellung der **Schärfe des Leuchtfleckes.**

Abb. 39 zeigt drei verschiedene Stufen der Linseneinstellung.

Bei geringer Brechkraft bzw. großer Brennweite der Linse (zu kleine Spannung zwischen den Rohrelektroden, Abb. 39 oben) vereinigen sich die Elektronenstrahlen erst hinter dem Leuchtschirm, auf dem Schirm selbst erscheint ein kreisförmiger Fleck, d. h. die geschriebene Kurve ist

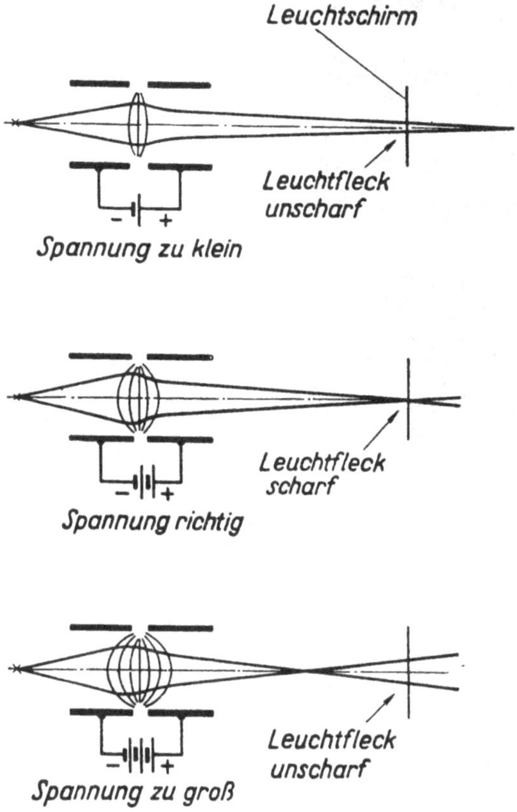

Abb. 39. Scharfeinstellung des Leuchtfleckes durch Änderung der Linsenspannung

verwaschen. Bei richtig eingestellter Brechkraft liegt die Strahlvereinigungsstelle gerade in der Ebene des Leuchtschirmes (Abb. 39 Mitte). Die Kurve ist scharf. Bei zu großer Brechkraft vereinigen sich die Strahlen schon vor dem Leuchtschirm und gehen nachher auseinander, d. h. auf dem Schirm erscheint wieder ein größerer kreisförmiger Fleck (Abb. 39 unten). Die Kurve wird wieder verwaschen.

Man kann also durch **Regelung der Linsenspannung**, d. h. durch Verändern des Spannungsunterschiedes $U_2 - U_1$, **die beste Schärfe** auf dem Bildschirm einstellen.

Die verschiedenen Einstellungen der Linse entsprechend der Abb. 39 sind in Abb. 40 an Hand von O s z i l l o g r a m m e n einer Sinusschwingung gezeigt.

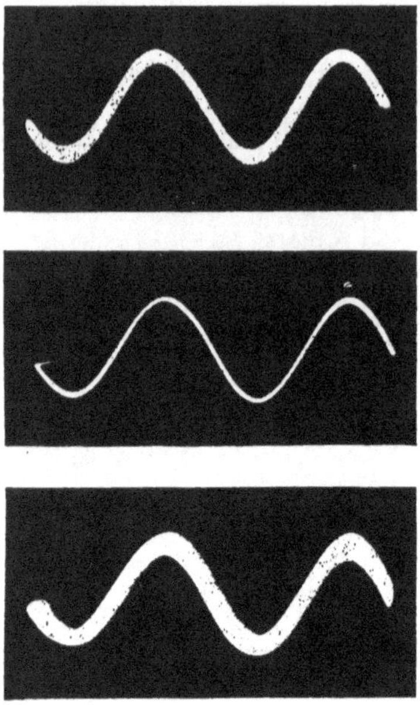

Abb. 40. Oszillogramme einer Sinuskurve bei verschiedener Brechkraft der Hauptsammellinse

41. In der **praktischen Ausführung** der elektrischen Rohrlinsen macht man den D u r c h m e s s e r der beiden Elektroden nicht immer gleich, sondern es finden sich auch die in Abb. 41 dargestellten Anordnungen mit **verschiedenem Rohrdurchmesser,** die je nach den geforderten konstruktiven und elektronenoptischen Besonderheiten der Systeme eingesetzt werden. Die Wirkungsweise ist bei diesen Anordnungen grundsätzlich die gleiche.

In einem Röntgenbild zeigt Abb. 42 die p r a k t i s c h e A u s f ü h r u n g einer Rohrlinse. Links liegt der große Zylinder, in den der rechte kleinere eingesetzt ist. Die Elektronen bewegen sich in diesem System von links nach rechts.

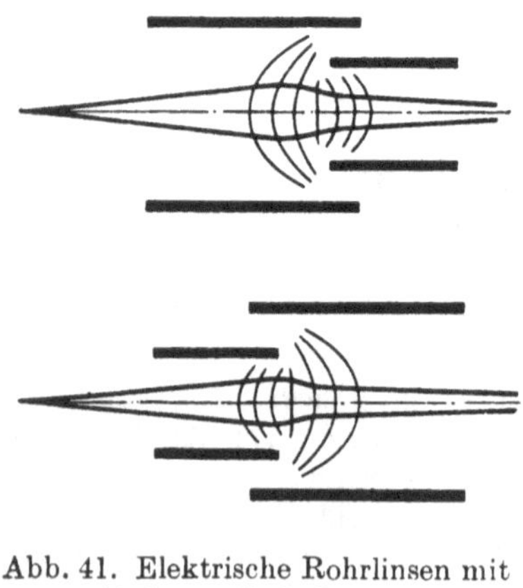

Abb. 41. Elektrische Rohrlinsen mit verschiedenem Rohrdurchmesser

42. Neben der Rohrlinse gibt es noch andere Formen elektrischer Linsen. In Oszillographenröhren wird häufig die **Lochscheibenlinse** nach Abb. 43

verwendet. **Zwei Lochblenden** stehen nebeneinander und liegen an verschiedenen Spannungen. Infolge der Spannungsdifferenz bildet sich auch hier ein drehsymmetrisches elektrisches Feld aus, das mit dem der Rohr-

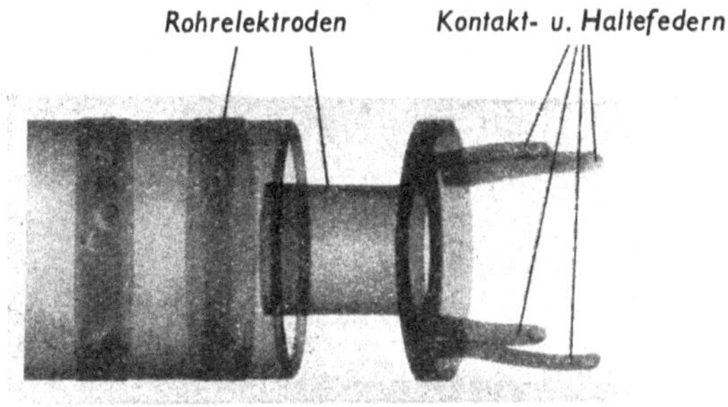

Abb. 42. Röntgenbild einer elektrischen Rohrlinse (Telefunken)

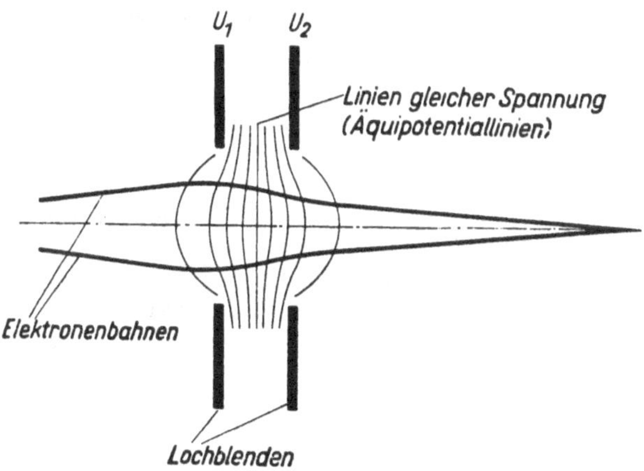

Abb. 43. Schnitt durch eine elektrische Lochscheibenlinse

linse große Ähnlichkeit hat und auf die Elektronenstrahlen ebenfalls eine Linsenwirkung ausübt. Auch hierbei können die Durchmesser der Lochblenden verschieden sein.

43. Eine andere in Oszillographenröhren oft benutzte Form ist die **Einzellinse** nach Abb. 44. In ein Metallrohr (Anodenrohr) wird ein Rohr von kleinerem Durchmesser eingesetzt, das gegen das äußere Rohr eine Vorspannung hat. Infolge der Spannungsdifferenz U_2—U_1 entsteht wieder ein elektrisches Feld, dessen Verlauf in Abb. 44 angedeutet ist. Hat der eingesetzte kurze Zylinder eine negative Vorspannung gegen die Anode und kommt von links ein von einem Punkt ausgehendes Elektronenbündel, so wird auch hier eine **Sammelwirkung** und Vereinigung der Strahlen in einem Bildpunkt erreicht. Die besondere Form des elektrischen Feldes in der

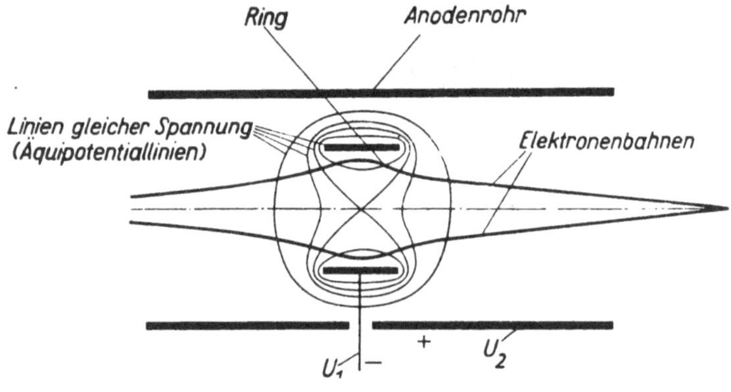

Abb. 44. Schnitt durch eine elektrische Einzellinse

Linse bedingt, daß im einzelnen hier zunächst eine zerstreuende, dann stark sammelnde und dann wieder schwach zerstreuende Wirkung vorhanden ist. In der praktischen Ausführung dieser Art von Einzellinsen sind oft an den Enden des inneren kleinen Zylinders Lochblenden angebracht, die entsprechenden, in das große Rohr eingesetzten Blenden gegenüberstehen.

44. Als Hauptsammellinsen werden auch **magnetische Felder** benutzt, denn die Flugbahnen der Elektronen lassen sich auch hiermit beeinflussen. Fliegende Elektronen stellen praktisch einen elektrischen Strom dar. Nach den Grundgesetzen der Wechselwirkung zwischen elektrischem Strom und magnetischem Feld erfährt der Leiter und damit die Strombahn im Magnetfeld eine Ablenkung. Durch geeignete Ausbildung eines drehsymmetrischen **magnetischen Kraftfeldes** läßt sich auch hier erreichen, daß ein Elektronenbündel gesammelt wird und eine **Linsenwirkung** zustande kommt. Anordnungen, die solche magnetischen Felder erzeugen, sind verhältnismäßig

einfach aufgebaut. Es sind Drahtspulen, deren Wicklungsebene senkrecht auf der Achse des Elektronenbündels steht.

Abb. 45 zeigt schematisch den Schnitt durch eine solche kurze **magnetische Linse** in Form der Wicklung auf einem Spulenkörper mit dem Bild der Kraftlinien. Der Brechungsvorgang für die Elektronenbahnen im magnetischen Feld ist etwas verwickelter. Die Gesamtwirkung ist aber ähnlich der einer elektrischen Linse, d. h. das ankommende auseinandergehende Elektronenbündel wird in einem Bildpunkt gesammelt.

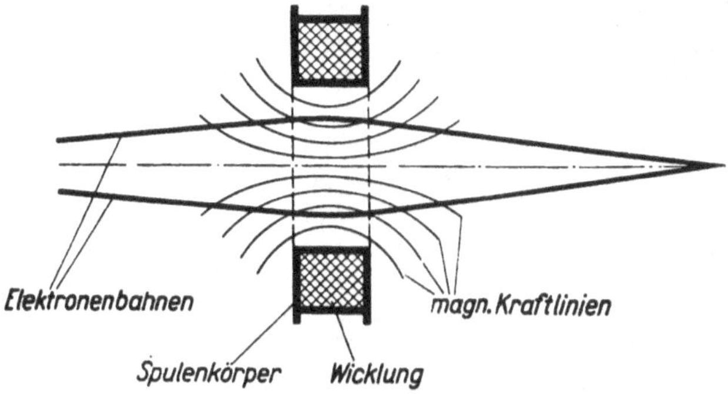

Abb. 45. Schnitt durch eine kurze magnetische Linse

Die **Brennweite** bzw. **Brechkraft** der magnetischen Linse (vgl. Ziff. 40) kann durch verschiedene **Stärke** des magnetischen Kraftfeldes verändert werden. Zur **Schärfeeinstellung** wird also die Stärke des die Magnetspule erregenden Stromes geregelt.

Die Ansicht einer magnetischen Linse in Form einer Spule zeigt Abb. 46. Der **Spulenkörper** ist aus unmagnetischem Material hergestellt, und auf ihn ist die Wicklung sorgfältig lagenweise aufgebracht. Die fertige Spule wird über den Hals der Braunschen Röhre geschoben.

Zur Verstärkung des magnetischen Kraftfeldes kann die Spule auch mit **Eisenkapselung** versehen werden.

Ringförmige Permanentmagnete mit geeigneten Polschuhen werden ebenfalls als magnetische Linsen verwendet.

45. In Oszillographenröhren werden zur Hauptsammlung meist elektrische Linsen verwendet, in Fernsehröhren elektrische und magnetische Linsen. Bei der Entscheidung, ob magnetische oder elektrische Linsen zweckmäßig sind, spielen elektronenoptische und fabrikatorische Gesichtspunkte eine Rolle.

Die elektrischen Linsen sind in Form von Rohren oder Blenden im

Inneren der Röhre in dem Strahlerzeugersystem in genauen Abständen voneinander fest eingebaut.

Die magnetischen Linsen werden hingegen außen über die fertige Röhre geschoben und müssen jeweils gut zur Röhrenachse ausgerichtet werden. Der Aufbau der übrigen Einrichtungen der Röhre ist dabei einfacher und weniger kostspielig, weil das Hauptsammelsystem im Innern wegfällt.

Abb. 46. Ansicht einer magnetischen Linse (Telefunken)

46. So wie die Glaslinsen in der Lichtoptik zeigen auch elektronenoptische Linsen sogenannte **Bildfehler,** wie z. B. den Öffnungsfehler, Astigmatismus, Koma, Einstellfehler (Verschiebung des Strahlkreuzungspunktes, vgl. Ziff. 35), und chromatische Fehler. Eine eingehendere Besprechung dieser Bildfehler kann in diesem Rahmen nicht gegeben werden.

Die Bildfehler der Linsen begrenzen die erreichbare **Schärfe** des Elektronenbrennfleckes. Um die Fehler so klein wie möglich zu halten, ist vor allem ein **mechanisch sehr genauer Aufbau** der Elektrodenanordnung nötig. Die Achsen der Zylinder bei der Rohrlinse z. B. müssen genau zusammenfallen, das Elektronenbündel darf nicht schief einfallen, die Rohre müssen gut rund sein. Ähnliches gilt auch für die anderen Linsenformen.

Die **Randfelder** der Linsen verursachen meist größere Bildfehler; man setzt daher oft, ähnlich wie bei optischen Geräten, **Blenden** in das System, so daß die Elektronenbahnen nur den mittleren Teil der Linsenfelder in der Nähe der Systemachse durchlaufen. Der Querschnitt des Elektronenbündels im Linsenfeld soll also im Interesse kleiner Bildfehler so klein wie möglich sein.

Überblick

Hauptsammellinsen dienen zur Erzeugung des scharfen Leuchtfleckes auf dem Bildschirm.

Es gibt **elektrische** und **magnetische** Hauptsammellinsen.

Die **Wirkung** der **elektronenoptischen Linsen** auf die fliegenden Elektronen ist mit der **Brechung** der **Lichtstrahlen** in **Glaslinsen** vergleichbar.

Die **elektronenoptischen Linsen** werden von bestimmten drehsymmetrischen **elektrischen** oder **magnetischen Feldern** gebildet.

Als **elektrische Linsen** verwendet man **Rohrlinsen, Lochscheibenlinsen, Einzellinsen** und als **magnetische Linsen** kurze **Spulen** mit und ohne Eisenkapselung.

Die elektronenoptischen Linsen haben – genau wie optische Linsen – **Bildfehler.**

Um die Fehler klein zu halten, ist ein **mechanisch genauer Aufbau** erforderlich. Außerdem benutzt man nur die **mittleren achsennahen** Zonen der Linsenfelder durch Einschalten von **Begrenzungsblenden** in den Strahlengang.

5. Der Aufbau der Strahlerzeugersysteme

47. Der Aufbau des Strahlerzeugersystems entsteht in einfacher Weise durch **Zusammensetzung** der in den vorangehenden Abschnitten behandelten Elemente: **Elektronenquelle, Vorsammel-** und **Hauptsammelsystem.**

In Abb. 47 ist ein normales System gezeigt. Links befindet sich die Glühkathode. Es folgt die Steuerscheibe und die erste Anodenblende, die zusammen das Vorsammelsystem bilden.

Die Anodenblende ist an einem Zylinder befestigt, der mit einem zweiten Zylinder eine elektrische Rohrlinse zur Hauptsammlung des Strahlbündels bildet. Die in dem ersten Zylinder vorhandene zweite Blende dient zur Begrenzung der Breite des Strahlbündels, damit die Hauptsammellinse nur in den mittleren achsennahen Zonen durchstrahlt wird (geringere Bildfehler).

Im Strahlerzeugersystem wird der hinter der Steuerscheibe liegende **Strahlkreuzungspunkt** mit der **Hauptsammellinse** elektronenoptisch auf dem **Leuchtschirm abgebildet.**

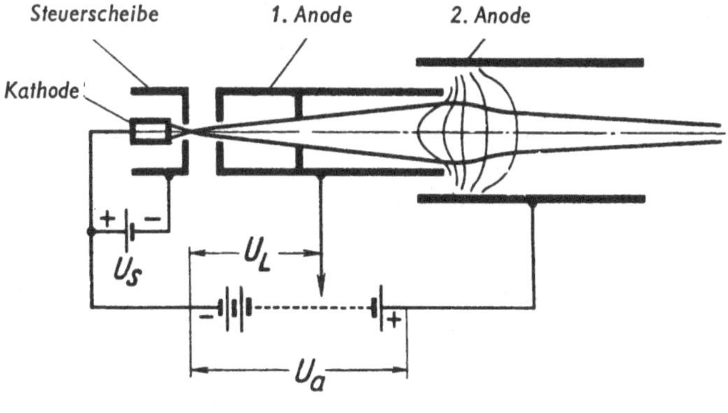

Abb. 47. Vierpol-Strahlerzeugersystem einer Oszillographenröhre

48. Das ganze System nach Abb. 47 hat **vier** Elektroden, man nennt eine solche Anordnung daher auch **Vierpolsystem.** Die beiden positiv vorgespannten Elektroden nennt man **Anoden.** Die Betriebsspannung U_a, deren Größe für die **Elektronengeschwindigkeit** maßgebend ist, liegt an der zweiten Anode. Die erste Anode liegt an einer kleineren Spannung (U_L), die zur richtigen Einstellung der **Schärfe** des Elektronenbrennfleckes (Brennweite der Linse) in bestimmten Grenzen veränderlich sein muß. Die erste Anode wird oft auch einfach **Linse** genannt.

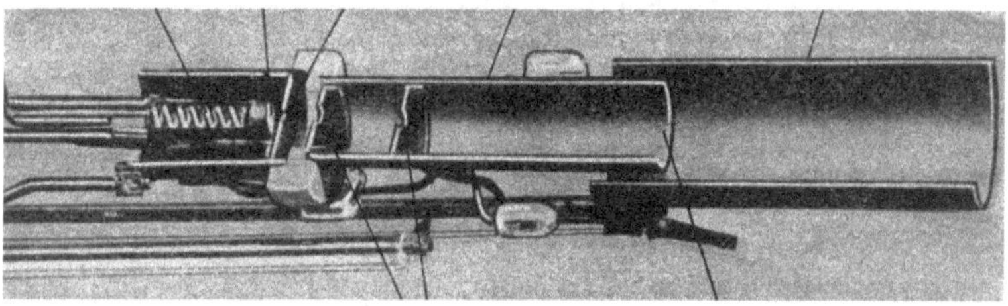

Abb. 48. Technische Ausführurg des Systems nach Abb. 47 im Schnitt (Philips)

Abb. 48 zeigt die technische Ausführung eines einfachen Vierpolsystems im Schnitt. Es handelt sich um das Strahlerzeugersystem einer Oszillographenröhre. Die zylindrischen Elektroden mit den eingesetzten Blenden sind durch eingesetzte **Isolierstücke** voneinander getrennt und gehaltert. Links liegt die Kathode mit der vorderen Emissionsfläche und der eingelegten Heizwendel. Dicht davor befindet sich die Steuerscheibe. Dann folgt, durch ein Keramikstück getrennt, das erste Anodenrohr mit den beiden eingesetzten Blenden, und ganz rechts liegt schließlich die rohrförmige zweite Anode.

Das System ist für den Betrieb mit $U_a = 1000$—2000 Volt gebaut. Dabei beträgt die Linsenspannung U_L etwa 200—400 Volt, die Vorspannung U_s der Steuerscheibe je nach Helligkeit des Leuchtfleckes etwa -10 bis -30 Volt.

Die hohen Anodenspannungen sind in Kathodenstrahlröhren nötig, um einen kleinen Durchmesser des Brennflecks auf dem Leuchtschirm (hohe Stromdichte) und einen guten Wirkungsgrad der Anregung des Leuchtschirms selbst zu erzielen.

49. Das Vierpolsystem einer einfachen **Fernsehempfangsröhre** ist in Abb. 49 schematisch gezeigt. Der Aufbau ist dem in Abb. 47 dargestellten

ähnlich und entspricht auch hier wieder der einfachen Hintereinanderschaltung des Vorsammelsystems mit einer elektrischen Rohrlinse zur Hauptsammlung. Die Elektroden der Sammellinse haben verschiedene Rohrdurchmesser.

Die technische Ausführung des Systems nach Abb. 49 zeigt Abb. 50.

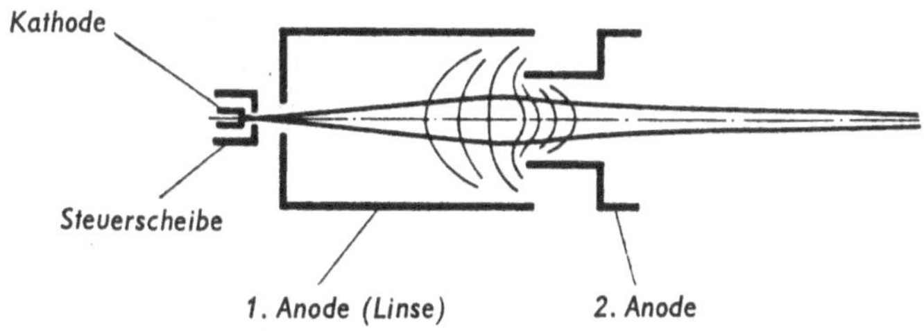

Abb. 49. Vierpolsystem einer Fernsehröhre

Der große lange Metallzylinder bildet die erste Anode, rechts davon sitzt die zweite Anode mit kleinerem Durchmesser. Kathode und Steuerscheibe sind mit Keramikscheiben am linken Ende in die erste Anode eingesetzt. Auf diese Weise läßt sich die notwendige saubere **Zentrierung** des Systems gut erreichen.

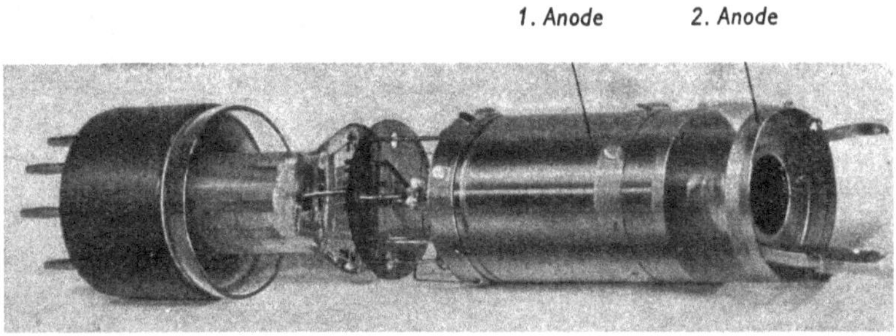

Abb. 50. Technische Ausführung des Systems nach Abb. 49 (Telefunken)

An den Zylindern sind kleine Federn angebracht, die beim Einschieben des Systems in den Kolbenhals der Röhre sich an die innere Glaswand anlegen und so einen guten Halt des Systems sichern.

Das System nach Abb. 50 wird etwa mit Anodenspannungen $U_a = 6000$ Volt betrieben. Die Linsenspannung beträgt dabei etwa 10% von U_a, also rund 600 Volt.

50. Das einfache Vierpolsystem (Abb. 51 oben) hat den Nachteil, daß bei der **Schärfeeinstellung** gleichzeitig eine **Veränderung** der **Strahlstromstärke** auftritt. Dies ist leicht einzusehen, da zur Scharfstellung die Spannung der ersten Anode verändert wird und diese Spannung andererseits im Vorsammelsystem für die Beschleunigung der Elektronen maßgebend ist.

Um diesen Eingriff des Feldes der ersten Anode in den Kathodenraum zu vermeiden, hat man eine weitere positiv vorgespannte Elektrode zwischen Steuerscheibe und erste Anode eingesetzt. Sie wird meist **Schirmgitter** genannt, da ihre Aufgabe in der Abschirmung des Linsenfeldes besteht. Es ist eine ganz ähnliche Wirkung, wie sie das Schirmgitter in der normalen Rundfunkröhre ausübt.

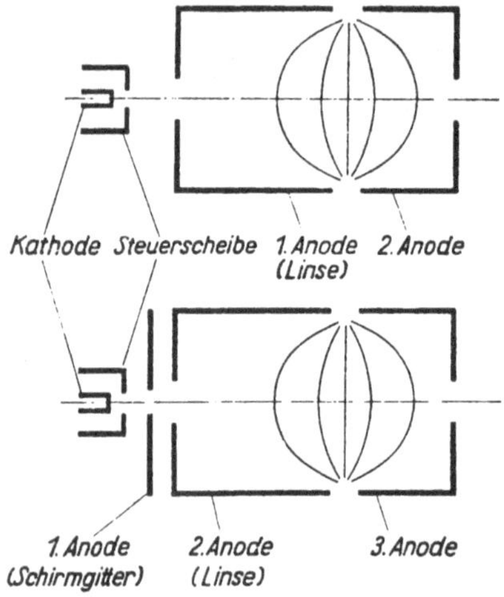

Abb. 51. Schema eines Vierpol- und Fünfpol-(Schirmgitter-)Systems

Ein solches **Fünfpolsystem** ist in Abb. 51 unten gezeigt. Das Schirmgitter stellt jetzt die erste Anode dar und bewirkt die Beschleunigung der Elektronen. Die Spannung an dieser Elektrode ist **fest** und liegt meist in der Größe der Linsenspannung des einfachen Vierpolsystems.

Die Hauptsammellinse wird von der zweiten und dritten Anode gebildet, die zusammen eine Rohrlinse ergeben. Verändert man die Linsenspannung (zweite Anode), so ändert sich nur die Brennweite der Hauptsammellinse, der Elektronenstrom hingegen bleibt unverändert, da das Schirmgitter einen Durchgriff des veränderlichen Linsenfeldes in den Kathodenraum verhindert. Mit solchen fünfpoligen Systemen kann man also sehr bequem **unabhängig voneinander** die **Strahlstärke** und die **Fleckschärfe** einstellen.

51. Abb. 52 zeigt im Schema das System einer handelsüblichen Oszillographenröhre, das grundsätzlich als **Fünfpolsystem mit Schirmgitter** anzusehen ist. Es sind noch eine Reihe von weiteren Blenden vorhanden, die zur Begrenzung des Strahlquerschnittes dienen. Die verschachtelte Spannungszuführung soll verhindern, daß Sekundärelektronen, die an den Blendenrändern ausgelöst werden, den Strahlenverlauf stören. Die **Hauptsammellinse** wird von den beiden sich gegenüberstehenden Lochscheiben der zweiten und dritten Anode gebildet.

Die technische Ausführung des Systems nach Abb. 52 zeigt Abb. 53. Die einzelnen Blenden sind mit Schellen an den vier Rundstäben aus Keramik (oder auch Glas) befestigt.

Die Zentrierung bei dem Aufbau erfolgt in einer Lehre, so daß die für die elektronenoptische Fehlerfreiheit nötige Genauigkeit auch von ungelernten Arbeitskräften erreicht werden kann.

Auch hier sind federnde Bleche am Rand des Systems angebracht, die die Halterung im Glaskolben festlegen.

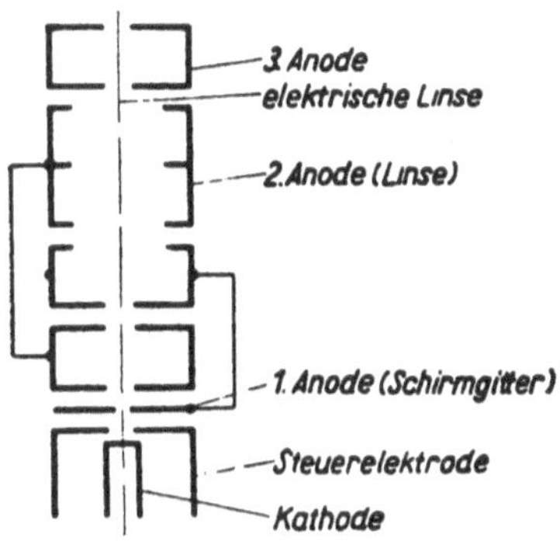

Abb. 52. Strahlerzeugersystem einer Oszillographenröhre mit Schirmgitter

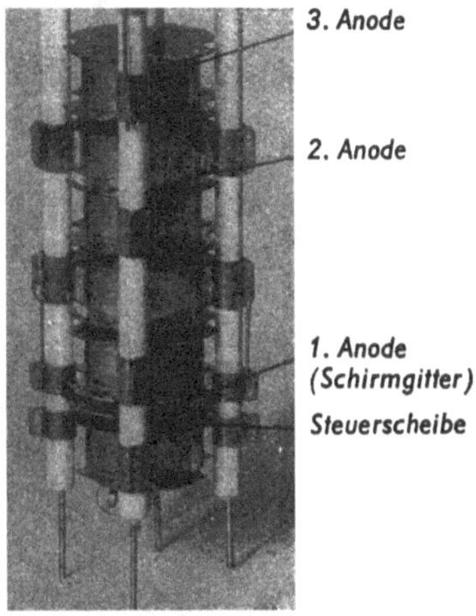

Abb. 53. Technische Ausführung des Systems nach Abb. 52 (AEG)

52. Abb. 54 zeigt im Schema ein System mit Verwendung einer **Einzellinse** zur Hauptsammlung. Die erste Anode liegt dabei an der vollen Anodenspannung U_a. Sie dient zur Beschleunigung der Elektronen (Schirmgitter). Die Einzellinse wird von den vier mittleren Blenden gebildet, von denen die beiden inneren miteinander verbunden sind und mit ihren Halterungen einen Zylinder bilden. An dieser inneren **„Linsenelektrode"** liegt die zur Scharfeinstellung veränderliche Spannung U_L. Eine Beeinflussung der Strahlstromstärke bei der Schärferegelung tritt nicht ein, da die erste Blende der Anode dicht am Vorsammelsystem einen Durchgriff des Linsenfeldes verhindert. Es ist ein Vorteil dieses Systems, daß das „Schirmgitter" mit der Anode im Innern der Röhre verbunden ist, d. h. eine besondere getrennte Spannungszuführung von außen nicht nötig ist.

Abb. 55 zeigt die praktische Ausführung des Systems nach Abb. 54.

Auch hier sind die Blenden und Elektroden an vier Haltestäben aus Keramik befestigt, und zwar mit einem geeigneten Kitt. Links liegt die erste Blende der Anode, und in der Mitte ist die Einzellinse mit den bei-

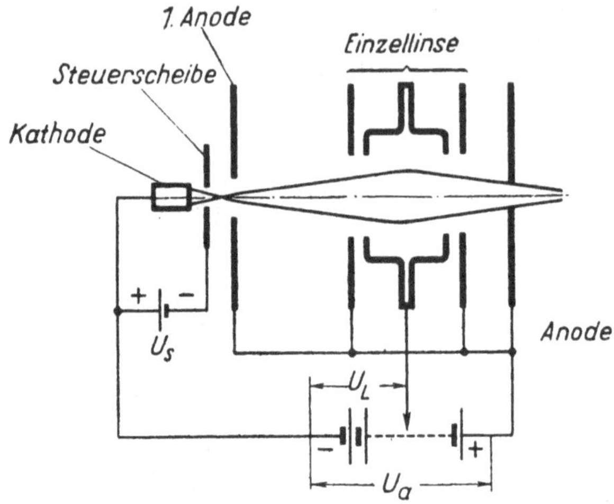

Abb. 54. Strahlerzeugersystem mit Einzellinse

den kapselartigen Elektroden zu sehen. Die an den Blendenrändern angebrachten Federn dienen zur zentralen Führung des Systems in dem Kolbenhals.

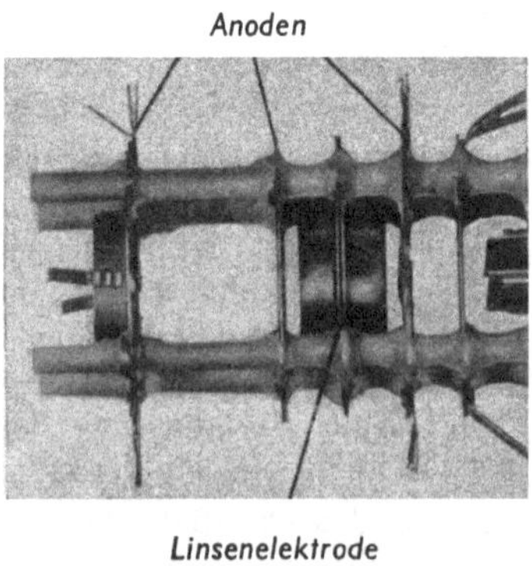

Abb. 55. Technische Ausführung des Systems nach Abb. 54 (Opta Radio AG)

Eine andere Ausführung eines Strahlerzeugersystems mit **Einzellinse** zeigt Abb. 56. Hier sind die Anodenblenden an einem durchgehenden Zylinder befestigt. Im übrigen ist der Aufbau ganz ähnlich dem vorher gezeigten System Abb. 54. In der Außenansicht (Abb. 57) sieht man nur den Anodenzylinder, der zur Halterung im Röhrenhals wieder mit Federn versehen ist. Am rechten Ende befinden sich Ablenkplatten, deren Wirkungsweise im folgenden Abschnitt III besprochen wird.

53. Ein typisches Strahlerzeugersystem mit **magnetischer Hauptsammel-**

linse zeigt Abb. 58. Im Inneren der Röhre befindet sich dabei nur die Kathode mit der Steuerscheibe und die Anode in Form eines Rohres. Die magnetische Linse liegt in Form einer Spule außerhalb der Röhre.

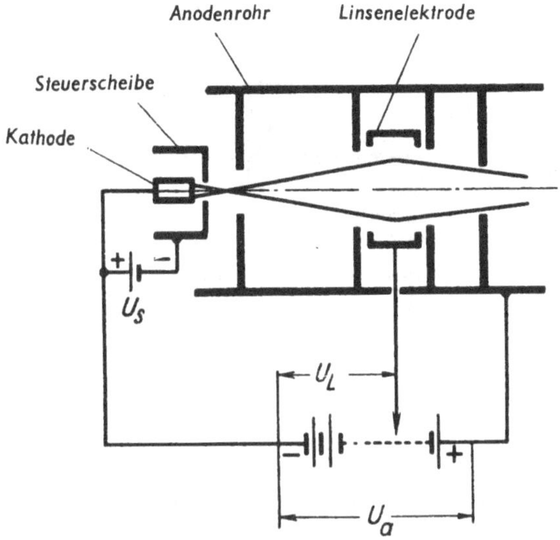

Abb. 56. Anderes Beispiel eines Strahlerzeugersystems mit Einzellinse

Die Schärfe des Leuchtflecks wird durch Veränderung des Spulenstromes mit einem Regelwiderstand oder Potentiometer eingestellt.

Der Aufbau eines solchen Systems ist außerordentlich einfach, und es ist nur eine Betriebsspannung U_a nötig. Die Teilspannung U_L fällt weg.

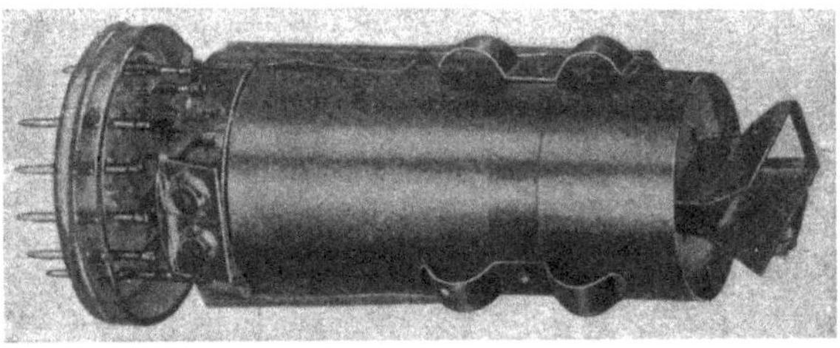

Abb. 57. Technische Ausführung des Systems nach Abb. 56 (Telefunken)

Systeme dieser Art werden in Fernsehröhren viel verwendet (z. B. in der Röhre des Heimfernsehempfängers E 1).

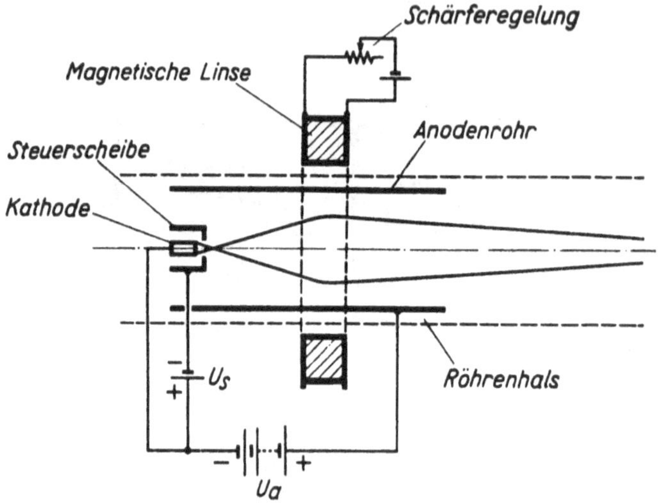

Abb. 58. Strahlerzeugersystem mit magnetischer Hauptsammellinse

54. Die Röhrensysteme sind auf **Glasquetschfüßen** oder **Glaspreßtellern** aufgebaut, in denen die Drähte zum elektrischen Anschluß der verschie-

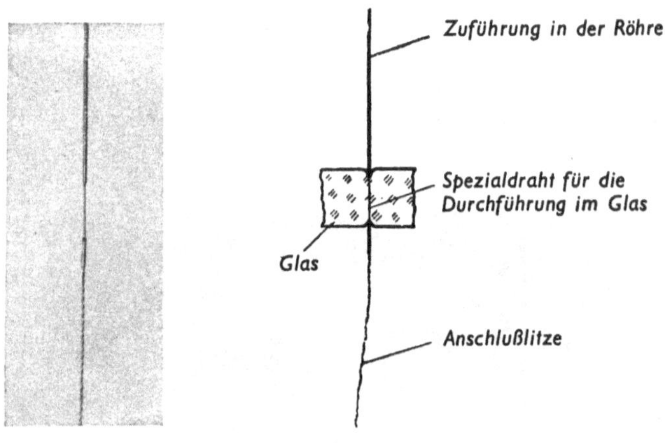

Abb. 59. Zusammengesetzte Drahtdurchführung für den Aufbau von Quetschfüßen

denen Elektroden eingeschmolzen sind. Für die Durchführungen sind Spezialdrähte von besonderen Werkstoffen erforderlich, deren **Ausdehnungskoeffizienten** mit dem des Glases genau übereinstimmen. Dies ist nötig, damit beim Erhitzen und Einschmelzen der Drähte und dem nachfolgenden Abkühlen keine Spannungen auftreten, die das Glas zersprengen. Für das normale (Thüringer) Geräteglas kommen dafür Platin, Nickeleisen mit Platin- oder Kupfermantel und Chromeisenlegierungen in Frage. Eine einzelne Durchführung für Quetschfüße zeigt Abb. 59. An dem starken Haltedraht, der als elektrische Zuführung zu den Elektroden im Strahlerzeugersystem dient, ist ein kurzes Stück aus dem erwähnten Spezialmaterial angeschweißt. Dieses Stück liegt im Glas eingebettet und sichert den luftdichten Abschluß. Am anderen Ende ist eine Zuführungslitze angeschweißt, die später mit dem Kontaktstift am Sockel verbunden wird. Abb. 59 links zeigt eine solche Durchführung im Lichtbild.

Abb. 60. Gerader Quetschfuß

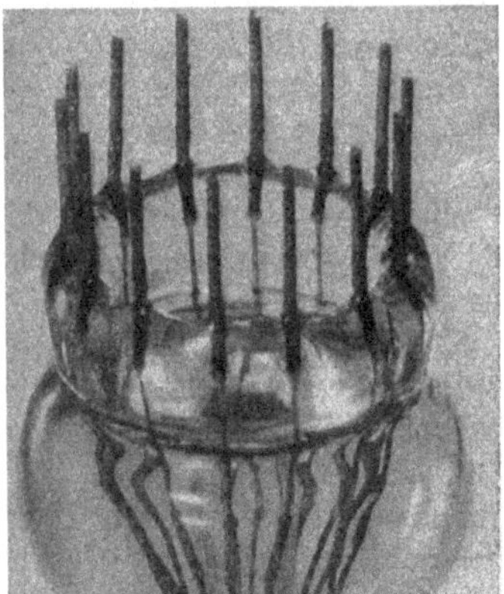

Abb. 61. Ringförmiger Quetschfuß

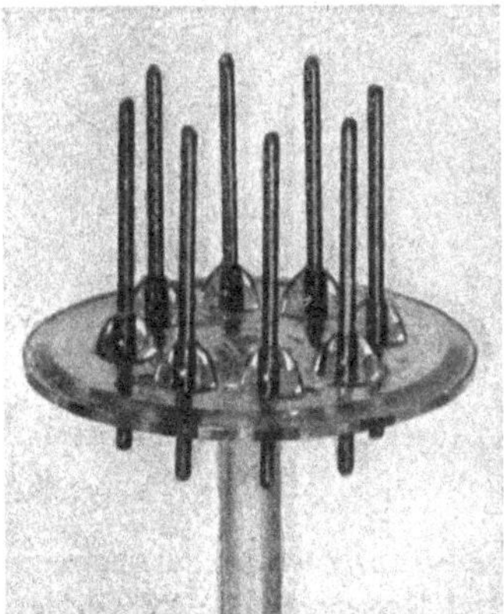

Abb. 62. Glaspreßteller mit Durchführungen aus starken Wolframdrähten

Mehrere solcher Durchführungen werden in das Glas eingequetscht und bilden den **Quetschfuß.** Abb. 60 zeigt einen solchen **geraden** Quetschfuß mit 6 Durchführungen. In dem gleichen Bild ist weiterhin die Öffnung mit einem nach innen im Quetschfuß angesetzten Röhrchen **(Pumpstutzen)** zu sehen, durch das später die Luft aus der Röhre ausgepumpt wird.

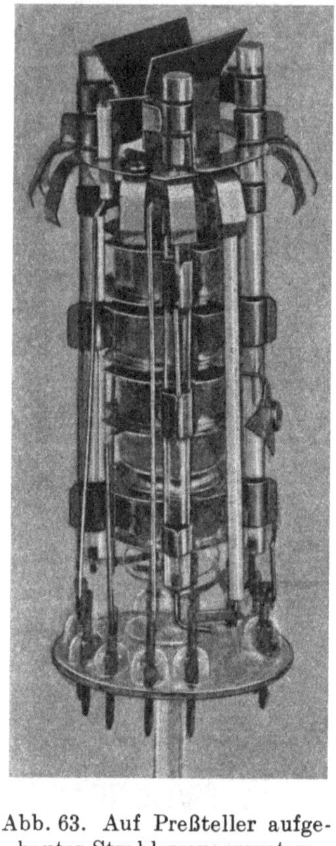

Abb. 63. Auf Preßteller aufgebautes Strahlerzeugersystem (AEG)

Abb. 61 zeigt eine **ringförmige** Ausführung des Quetschfußes, die besonders dann von Vorteil ist, wenn eine größere Zahl von Durchführungen gebraucht wird. Der Pumpstutzen liegt hier in der Mitte des Fußes.

In dem Aufbau moderner Röhren werden ähnlich wie bei normalen Elektronenröhren für Funkzwecke Glaspreßteller verwendet. In Abb. 62 ist ein solcher Preßteller mit 8 Durchführungen gezeigt. Meist verwendet man dabei **Hartglas,** in das starke **Wolframstifte** (manchmal auch Molybdän) direkt eingeschmolzen werden können, da die Ausdehnungskoeffizienten übereinstimmen. Die nach außen ragenden Teile dieser Stifte sind oft angespitzt und dienen gleichzeitig als **Steckerstifte** zur Befestigung der Röhren in der Fassung. Dies vereinfacht den Röhrenaufbau, da hierbei das nachträgliche Aufkitten eines besonderen Sockels mit Kontaktstiften nicht nötig ist.

Die nach innen liegenden Teile der Drahtstifte sind zur Verbesserung des Haltes und Verlängerung der Glasverschmelzung mit Glaswulsten verstärkt.

Wie Abb. 63 im Vergleich zu Abb. 60 zeigt, ermöglichen die Preßteller einen wesentlich **kürzeren Aufbau** der Röhren.

55. Das auf dem Quetschfuß oder Preßteller aufgebaute Strahlerzeugersystem wird nach eingehender Prüfung und Kontrolle in den Röhrenhals eingeführt und dann an dem unteren Ende des Fußes oder Tellers mit der Röhre **verschmolzen.**

Der technische Bau des Strahlerzeugersystems erfordert viel **Genauigkeit** und eine sorgfältige **Materialauswahl,** da neben den mechanischen Eigenschaften des Elektrodenmaterials vor allem auch das Verhalten der

Stoffe im Vakuum und beim Erhitzen (Gasabgabe usw.) besondere Beachtung finden muß.

Überblick

Das **Strahlerzeugersystem** entsteht durch Zusammensetzung der **Elektronenquelle** mit dem **Vor-** und **Hauptsammelsystem.**

Mit der **Hauptsammellinse** wird der **Strahlkreuzungspunkt** auf dem **Leuchtschirm** abgebildet.

Das einfache **Vierpolsystem** hat vier Elektroden: Kathode, Steuerscheibe, erste Anode (Linse) und zweite Anode.

Im **Fünfpolsystem** liegt zwischen der Linse und der Steuerscheibe noch das **Schirmgitter.** Hierdurch wird eine Beeinflussung der Strahlstromstärke bei der Schärfeeinstellung vermieden.

Den gleichen Vorteil haben Systeme mit **Einzellinsen.** Hier ist eine zusätzliche Schirmgitterspannung nicht nötig, da meist mit Ausnahme der Linsenelektrode alle Anodenblenden an der vollen Betriebsspannung liegen.

Systeme mit **magnetischen Hauptsammellinsen** enthalten im Innern der Röhre nur die Kathode, Steuerscheibe und die Anode; letztere meist in Form eines Metallrohres. Sie werden in Fernsehröhren viel verwendet.

Die Systeme sind auf **Glasquetschfüßen** oder **Glaspreßtellern** montiert. Durch den Fuß bzw. Teller gehen die elektrischen Verbindungen der Elektroden vakuumdicht nach außen.

III. Ablenkung des Elektronenstrahlbündels

56. Die im vorangehenden Abschnitt behandelte **Bündelung** der Elektronenstrahlen beruht auf der Beeinflussung der Elektronenbahnen durch **elektrische** oder **magnetische Felder.** Auch bei der **Strahlablenkung** bewirken besondere elektrische bzw. magnetische Felder eine Änderung der **Richtung** des aus dem Strahlerzeugersystem austretenden Elektronenbündels. Im Gegensatz zu den bei der Elektronensammlung vorhandenen **drehsymmetrischen** Feldern werden zur Strahlablenkung **einseitig gerichtete** Felder benutzt, wobei die Richtung der Kraftlinien der ablenkenden Felder senkrecht auf der Strahlachse steht.

1. Ablenkung mit elektrischen Feldern

57. Von großer technischer Bedeutung ist die Strahlablenkung im Feld eines **Plattenkondensators.** Abb. 64 zeigt den Vorgang schematisch. Von links gelangt das Strahlbündel aus dem Strahlerzeugersystem in den aus zwei Metallblechen (Ablenkplatten) gebildeten Kondensator. Liegt am Kondensator keine Spannung, so fliegen die Elektronen geradlinig weiter. Wird jedoch ein elektrisches Feld durch Anlegen einer Spannung an die Platten erzeugt, so werden auf die Elektronen **Anziehungskräfte**

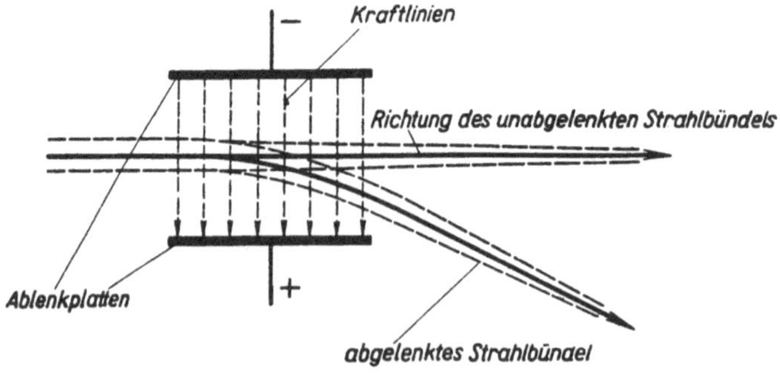

Abb. 64. Ablenkung des Elektronenstrahlbündels im Feld eines Plattenkondensators

von der **positiven** und **Abstoßungskräfte** von der **negativen** Platte ausgeübt. Die Elektronen erfahren eine Ablenkung aus ihrer Bahn in Richtung der Kraftlinien des elektrischen Feldes. Im Beispiel der Abb. 64 werden sie nach unten gebogen. Die im Ablenkfeld durchlaufene Bahn entspricht dabei einem **Parabelbogen.** Hinter dem Ablenkkondensator verlaufen dann die Elektronenstrahlen wieder geradlinig weiter bis zum Leuchtschirm. Die Größe des **Ablenkwinkels** hängt von der Geschwindigkeit der durchfliegenden Elektronen, von der Länge der Platten in Richtung der Elektronenbahn und von der Stärke des elektrischen Querfeldes ab, also von der an den Ablenkplatten liegenden Spannung und von dem Abstand der Platten. Die Feldstärke ist bekanntlich proportional der Spannung U und umgekehrt proportional dem Plattenabstand d, also:

$$\mathfrak{E} = \frac{U}{d} \left[\frac{\text{Volt}}{\text{cm}}\right].$$

58. Abb. 65 oben zeigt nochmals den Vorgang der Ablenkung in der ganzen Röhre. Das Strahlenbündel trifft im Ruhezustand (Ablenkfeld nicht vorhanden) den Leuchtschirm im Punkt P_0. Wird eine Ablenkspannung von z. B. 50 Volt an die Platten gelegt, so trifft das Strahlenbündel im Punkt P_1 auf. Verdoppelt man die Ablenkungsspannung, so verdoppelt sich der Ablenkungswinkel und damit auch die Entfernung des abgelenkten Lichtpunktes P_2 von dem Mittelpunkt des Leuchtschirmes P_0 (vgl. Abb. 65 mitte)[1]. Kehrt man die Polarität der Spannung an den Ablenkplatten um, macht man also die obere Platte positiv, die untere negativ (Abb. 65 unten), so wird auch die Ablenkrichtung umgekehrt, der Leuchtfleck wird nach oben abgelenkt (P_3).

59. Abb. 66 zeigt in einer photographischen Aufnahme den Ablenkvorgang auf dem Schirm einer Oszillographenröhre. Das Strahlbündel wurde stufenweise mit Spannungen der angeschriebenen Werte abgelenkt, und man erkennt, daß der **Betrag der Ablenkung mit zunehmender Höhe der Ablenkspannung verhältnisgleich wächst.** Die angeschriebene Polarität der Spannungen bezieht sich auf die obere Platte, d. h. es ist an die obere Platte des Kondensators die angegebene Spannung angelegt, während die untere Platte geerdet und mit der Anode verbunden ist.

60. Liegt an den Ablenkplatten eine **Wechselspannung,** so bewegt sich der Leuchtfleck entsprechend dem zeitlichen Ablauf der angelegten Wechsel-

[1]) Genau gilt dies nur, wenn der Krümmungsmittelpunkt des gewölbten Leuchtschirms an der Stelle der Ablenkplatten liegt; bei ebenen Leuchtschirmen (Planscheibe) treten also bei größeren Ablenkwinkeln Abweichungen von der Proportionalität auf, da die auf dem Schirm gemessene Ablenkentfernung dem Tangens des Ablenkwinkels proportional ist.

spannung auf dem Leuchtschirm hin und her. Ist die Periodenzahl je Sekunde der Wechselspannung genügend groß (z. B. 50 Hz), so kann das Auge den wandernden Lichtpunkt nicht mehr als solchen erkennen, son-

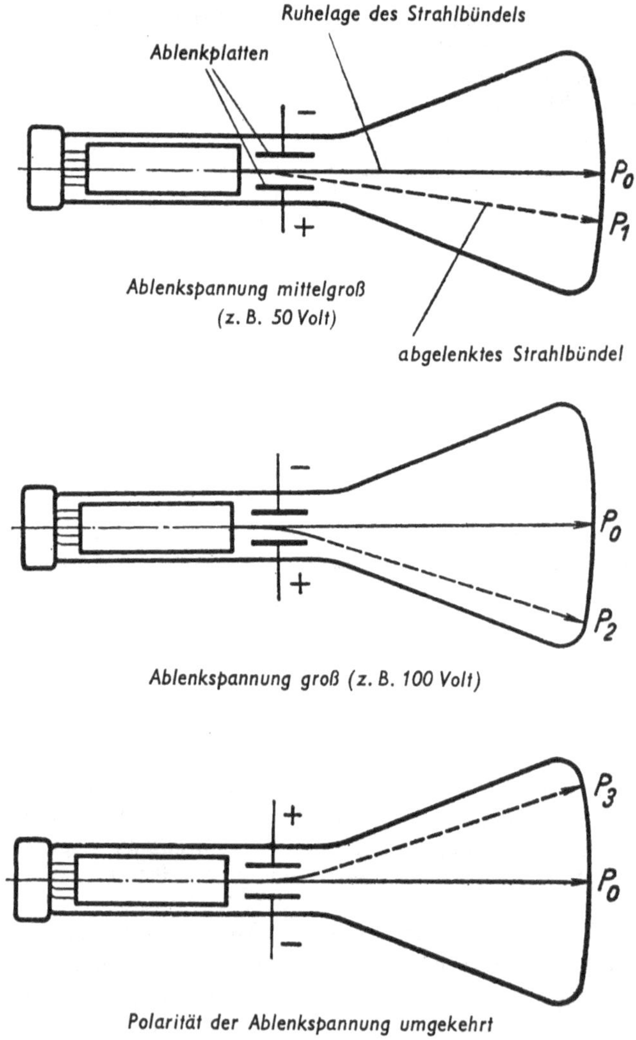

Abb. 65. Veränderung der Stärke und Richtung der Strahlablenkung durch verschiedene Ablenkspannung und Polarität

dern es sieht einen **Strich** auf dem Leuchtschirm, wie es Abb. 67 für die Ablenkung mit der 50periodigen Netzwechselspannung zeigt. Infolge der geringeren Ablenkgeschwindigkeit in der Nähe der Scheitelwerte der Wechselspannung erscheinen die Enden des Striches heller als die Mitte, da der Elektronenstrahl an den Stellen geringerer Ablenkgeschwindigkeit längere Zeit auf den Leuchtschirm einwirkt.

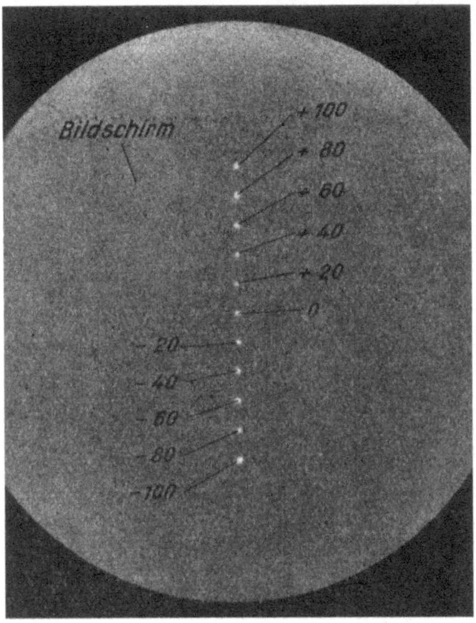

Abb. 66. Leuchtflecke auf dem Bildschirm einer Oszillographenröhre bei verschieden starker Ablenkung in vertikaler Richtung

Abb. 67. Oszillogramm der Netzspannung (50 Hz, ohne Zeitablenkung)

61. Man ist bestrebt, eine möglichst große **Ablenkungsempfindlichkeit** zu erreichen, d. h. mit **kleiner Spannung** an den Ablenkplatten eine möglichst **große Ablenkung** des Leuchtfleckes auf dem Bildschirm zu bekommen. Die Ablenkempfindlichkeit hängt von verschiedenen Faktoren ab. Sie wird um so größer, je größer die **Feldstärke** zwischen den Platten ist. Die Feldstärke hängt bei gegebener Spannung von dem **Abstand** (d) der Platten ab. Dieser soll demnach so klein wie möglich sein. Ferner ist die **Länge des Weges im Felde** (l) von Einfluß, d. h. je länger die Platten sind, um so länger ist der Weg, auf dem die Ablenkung wirksam ist. Weiterhin wird die Ablenkempfindlichkeit um so größer, je weiter die Ablenkplatten von dem

Bildschirm entfernt sind (L), denn dadurch wird bei gleichem Ablenkwinkel die auf dem Schirm gemessene Ablenkung des Leuchtpunktes von dem Schirmmittelpunkt größer (größere „Zeigerlänge" des Elektronenstrahlbündels). Schließlich hängt die Ablenkempfindlichkeit von der **Geschwindigkeit** (U_a) der Elektronen ab, mit der sie das Ablenkfeld durchlaufen. Schnell fliegende Elektronen verweilen eine kürzere Zeit in dem Ablenkfeld als langsamere und sind daher nicht so lange den ablenkenden Kräften ausgesetzt. Die Ablenkempfindlichkeit nimmt also mit zunehmender Elektronengeschwindigkeit ab, und zwar verhältnisgleich. Für die Ge-

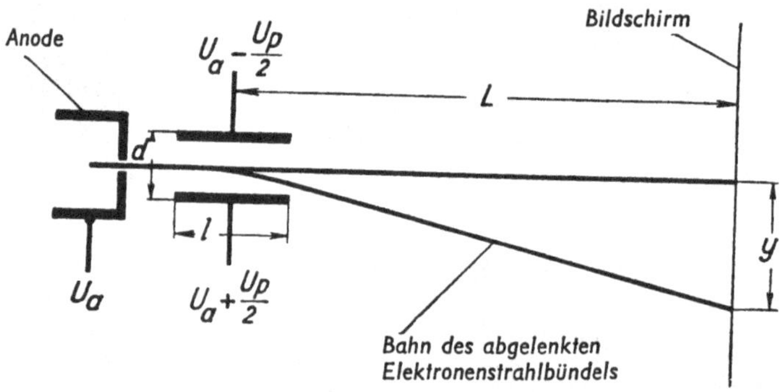

Abb. 68. Zur Berechnung der Ablenkempfindlichkeit

schwindigkeit der Elektronen ist die Höhe der **Anodenspannung** U_a maßgebend. U_a soll also im Interesse einer großen Ablenkempfindlichkeit möglichst klein sein. Eine zu starke Verringerung der Anodenspannung ist jedoch nicht angebracht, da die **Schärfe** des Leuchtfleckes bei zu kleiner Anodenspannung nicht ausreicht.

62. Die Abhängigkeit der Ablenkung des Leuchtfleckes auf dem Bildschirm von den vorgenannten Bedingungen läßt sich in einer einfachen Rechenformel angeben. Die Bezeichnungen sind in Abb. 68 erklärt. Es bedeuten: L die mittlere Entfernung der Platten vom Leuchtschirm, l die Plattenlänge, d der Abstand der Ablenkplatten voneinander, U_a die Anodenspannung und U_p die an den Platten liegende Spannung. Sie ist hier **symmetrisch** zugeführt, d. h. die eine ist um $\frac{U_p}{2}$ positiver, die andere um $\frac{U_p}{2}$ negativer als die Anodenspannung des Strahlerzeugersystems. Die

Größe der Ablenkung auf dem Schirm ist mit y bezeichnet. Die Formel lautet:

$$y = \frac{l \cdot L \cdot U_p}{2 \cdot d \cdot U_a}.$$

z. B. ergibt sich bei

Plattenlänge	$l =$	20 mm
Plattenabstand	$d =$	5 mm
Abstand Schirm bis Plattenmitte	$L =$	150 mm
Ablenkspannung	$Up =$	50 Volt
Anodenspannung	$U_a =$	1500 Volt

eine Ablenkung $y = \frac{20 \cdot 150 \cdot 50}{2 \cdot 5 \cdot 1500} = 10$ mm von der Mitte nach oben oder unten.

Die Ablenkung für 1 Volt Spannung beträgt $y = \frac{10}{50} = 0{,}2$ mm. Diesen Wert bezeichnet man mit **Ablenkempfindlichkeit** $\left(\frac{\text{mm}}{\text{Volt}}\right)$ einer Röhre bei den angegebenen Röhren- und Betriebsdaten.

Auch die Angabe des umgekehrten Verhältnisses ist üblich; es gibt die für die **Ablenkung von 1 mm notwendige Spannung** $\left(\frac{\text{Volt}}{\text{mm}}\right)$ an. Sie beträgt in unserem Fall 5 Volt je Millimeter Ablenkung.

63. Aus der Formel für die Ablenkung y erkennt man, daß mit kleinerem Abstand d der Platten voneinander die Größe der Ablenkung wächst. Nun kann aber d nicht beliebig verkleinert werden, da sonst das Strahlbündel selbst bei kleinen Ablenkwinkeln an den hinteren Rändern der Platten zu streifen beginnt. Man hat daher die **Form** der **Ablenkplatten** der Bahn des Elektronenstrahlbündels angepaßt, um wenigstens im vorderen Teil des Ablenkfeldes einen kleineren Plattenabstand verwenden zu können. Abb. 69 zeigt verschiedene Plattenformen. In a sind die

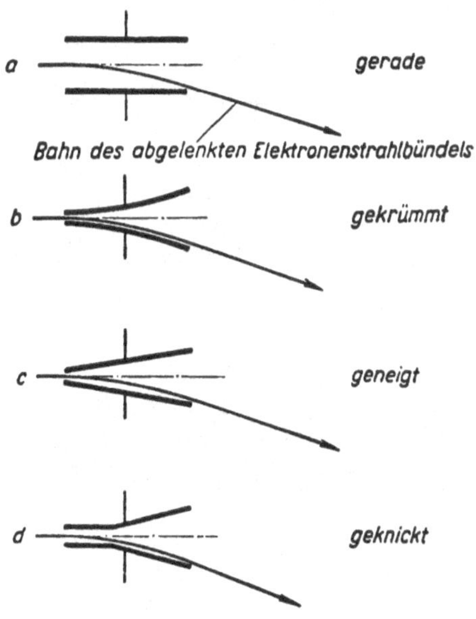

Abb. 69. Verschiedene Ablenkplattenformen

normalen **geraden** (parallel liegenden) Ablenkplatten gezeigt mit der Bahn des Elektronenbündels in eben noch zulässiger Stärke der Ablenkung. Darunter befinden sich in *b* **gekrümmte** Ablenkplatten, wobei sich die Plattenkrümmung der Elektronenbahn angleicht. Da durch den geringen Plattenabstand an der linken Eintrittsseite der Elektronenstrahlen die Feldstärke sehr hoch ist, ergibt diese Form eine wesentlich größere Ablenkempfindlichkeit als die gerade Anordnung bei gleichem höchst zulässigem Ablenkwinkel. Solche Plattenformen sind in der Massenfertigung nicht immer leicht herzustellen, so daß man in der Technik die weiter unten dargestellten Formen der **geneigten** (*c*) und **geknickten** (*d*) Ablenkplatten bevorzugt. Sie sind eine Annäherung an den Verlauf der gekrümmten Platten.

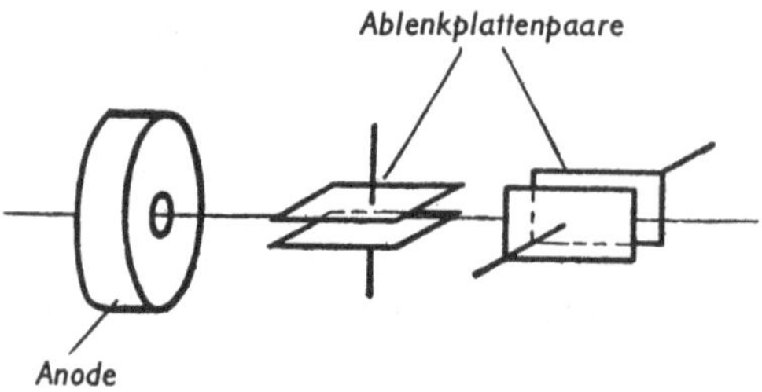

Abb. 70. Anordnung der beiden um 90° versetzten Ablenkplattenpaare einer normalen Oszillographenröhre

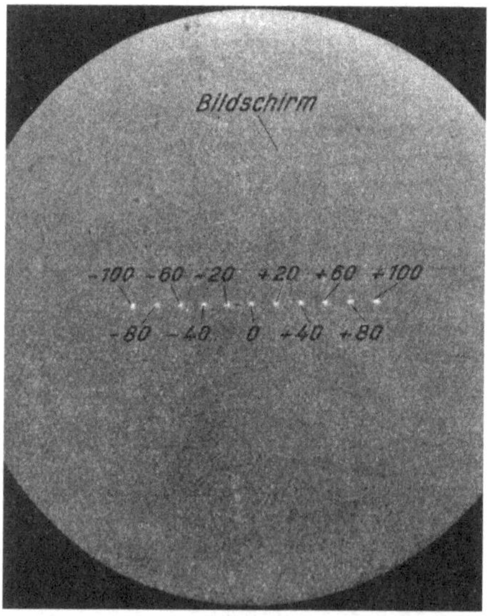

Abb. 71. Leuchtflecke auf dem Bildschirm einer Oszillographenröhre bei verschieden starker Ablenkung in horizontaler Richtung (zweites Ablenkplattenpaar)

64. Mit einem Plattenpaar kann man den Leuchtfleck auf dem Bildschirm nur in **einer** Richtung ablenken. Um die im Abschnitt 12 besprochene Ablenkung in rechtwinkligen Koordinaten zu erreichen, verwendet man in Oszillographenröhren **zwei** hintereinanderliegende Ablenkplattenpaare, die um **90°** **gegeneinander versetzt** sind. Abb. 70 zeigt eine solche Anordnung schematisch. Zu der **vertikalen** Ablenkrichtung (Abb. 66 und 67) kommt durch das zweite Ablenkplattenpaar noch die **horizontale** Ablenkrichtung hinzu.

In Abb. 71 sind – ähnlich wie in Abb. 66 für die senkrechte Ablenkung – die Leuchtflecke auf dem Schirm einer Oszillographenröhre bei verschieden starker Ablenkung in horizontaler Richtung durch das zweite Ablenkplattenpaar gezeigt. Die Polarität der angeschriebenen Werte der Ablenkspannungen bezieht sich dabei auf die rechte Platte, die linke Platte ist geerdet.

Im Vergleich zu der vertikalen Ablenkung durch das erste Plattenpaar (Abb. 66) ist die Ablenkempfindlichkeit etwas geringer, denn das zweite

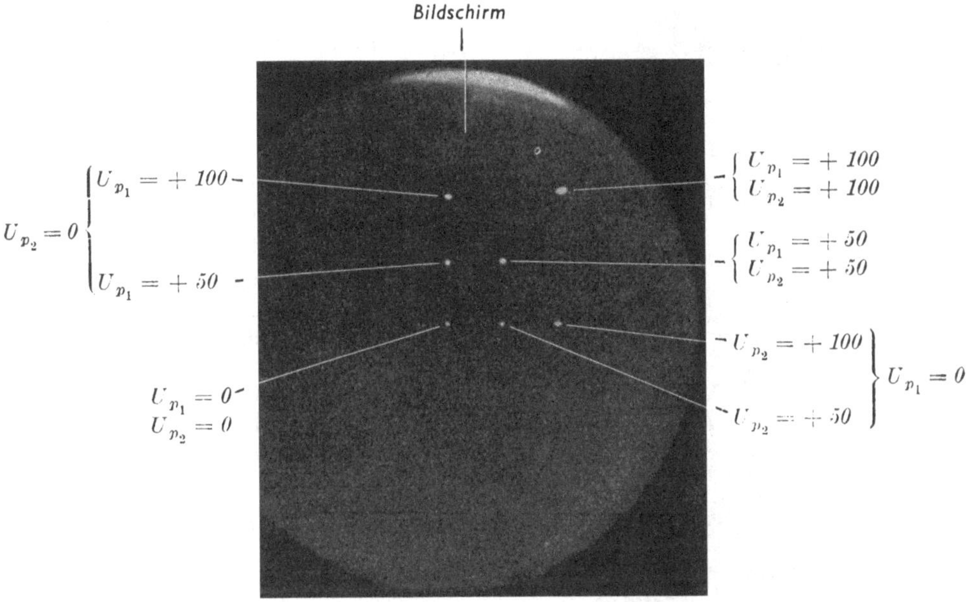

Abb. 72. Leuchtflecke auf dem Bildschirm einer Oszillographenröhre bei verschiedener Ablenkung in beiden Richtungen

Plattenpaar liegt näher am Schirm, so daß die für die Ablenkformel maßgebende Entfernung L kleiner ist (kleinere Zeigerlänge des schreibenden Strahlbündels).

65. Legt man an beide Plattenpaare **gleichzeitig** Spannungen an, so kann der Leuchtfleck durch entsprechende Größe und Polarität der beiden Spannungen auf jede beliebige Stelle des Schirmes gelenkt werden. Abb. 72 zeigt z. B. die Ablenkung des Leuchtfleckes in die Richtung der rechten

Abb. 73. Technische Ausführung des Ablenksystems einer Oszillographenröhre mit geknickten Ablenkplattenpaaren (Philips)

oberen Ecke des Schirmes durch positive Ablenkspannungen an der oberen Platte des ersten und an der rechten Platte des zweiten Plattenpaares. Die Spuren des unabgelenkten Strahles und die Ablenkung des Strahles in den beiden Richtungen wurden zuerst gesondert nacheinander aufgenommen und sind ebenfalls auf dem Bild zu sehen. Die Spannungen an dem ersten Ablenkplattenpaar, das die vertikale Auslenkung bewirkt, sind mit U_{p_1} bezeichnet, die an dem anderen mit U_{p_2}.

Liegen an den Ablenkplatten **veränderliche Spannungen,** so werden je nach dem Ablauf der beiden Teilspannungen auf dem Schirm entsprechende **Kurven** geschrieben.

66. Die **technische Ausführung** des Ablenksystems einer Oszillographenröhre ist in Abb. 73 gezeigt. Man erkennt die beiden Ablenkplattenpaare, deren Platten zur Erhöhung der Ablenkempfindlichkeit bei genügend großem Ablenkwinkel (s. oben) geknickt ausgeführt sind. Die Plattenpaare sind dicht an das Ende des Strahlerzeugersystems gesetzt.

Abb. 74 zeigt beim ersten Plattenpaar eine andere Ausführung mit langen gekrümmten Ablenkplatten, die ein besonders großes Ablenkvermögen besitzen.

Beim **Aufbau** des Ablenksystems ist große **mechanische Genauigkeit** erforderlich, da sonst die Ablenkrichtungen schief zueinander liegen usw., so daß ein einwandfreies Ausmessen der auf dem Leuchtschirm geschriebenen Kurven nicht möglich ist.

67. Die einseitig gerichteten Ablenkfelder haben auf die Bündelung der durchfliegenden Elektronen einen nachteiligen Einfluß. Es ergeben sich **Verzerrungen** des Leuchtfleckes, insbesondere bei großen Ablenkwinkeln. In den Abb. 66, 71 und vor allem 72 ist dies deutlich zu erkennen. Während im Schirmmittelpunkt der Leuchtfleck scharf und punktförmig erscheint, zeigen sich am Rande Unschärfen und einseitige Verzerrungen. Diese sogenannten **Ablenkfehler** lassen sich dadurch klein halten, daß der

Abb. 74. Ablenksystem mit gekrümmten Platten (Opta Radio AG)

Querschnitt des Elektronenbündels in den Ablenkfeldern so klein wie möglich gemacht wird. Dies kann durch entsprechende Verringerung des Strahlstromes (hohe Vorspannung der Steuerscheibe) und durch eingebaute Blenden im Strahlerzeugersystem erreicht werden. Zu einem gewissen Grade müssen aber Ablenkfehler immer in Kauf genommen werden.

68. Da die beiden Ablenkplattenpaare dicht hintereinander angeordnet sind, ist eine **gegenseitige Beeinflussung** der beiden Ablenkfelder vorhanden. Als Folge davon treten gewisse **Verzeichnungen** und auch **Unschärfen** der geschriebenen Kurven auf. Am meisten stört dabei die **Trapezverzeichnung,** die von einer ungleichförmigen Ablenkempfindlichkeit über den Bildschirm herrührt. Sehr deutlich erkennt man diesen Effekt bei der Aufzeichnung eines Fernsehrasters aus parallelen Zeilen nach Abb. 19 b. In Abb. 75

Abb. 75. Fernsehraster aus Parallelzeilen. Trapezverzerrung bei Ablenkung mit elektrischen Feldern und unsymmetrischer Spannungszuführung

ist ein solches Raster mit 21 Zeilen gezeigt, das auf den Schirm einer normalen Oszillographenröhre geschrieben und photographiert wurde. An den schrägliegenden Zeilen ist die veränderliche Vertikalablenkempfindlichkeit von links nach rechts zu erkennen, die als eine Folge des **„Durchgriffs"** des einen Ablenkfeldes in das andere anzusehen ist.

Bei der Aufnahme Abb. 75 war je eine Platte der beiden Ablenkplattenpaare mit der Anode verbunden. Die Ablenkwechselspannung wurde also **unsymmetrisch** zugeführt, so wie die Schaltung Abb. 76a zeigt. Die Verbindung der einen Platte mit der Anode ist nötig, damit bei fehlender Ablenkung die aus dem Strahlerzeugersystem austretenden Elektronen keine zusätzliche Beschleunigung oder Bremsung erfahren. Dieser Pol ist dann auch meist mit Erde verbunden. (Darum wird auch bei den Hochspannungsgeräten, die das Strahlerzeugersystem speisen, meist der **Pluspol geerdet**.) Die andere Ablenkplatte liegt im „unsymmetrischen" Betrieb an der Meßspannung U_p, die dann positiv oder negativ gegen Erde als Bezugspotential sein kann. Dies ist die einfachste und in der Praxis häufig vorkommende Art der Ablenkung.

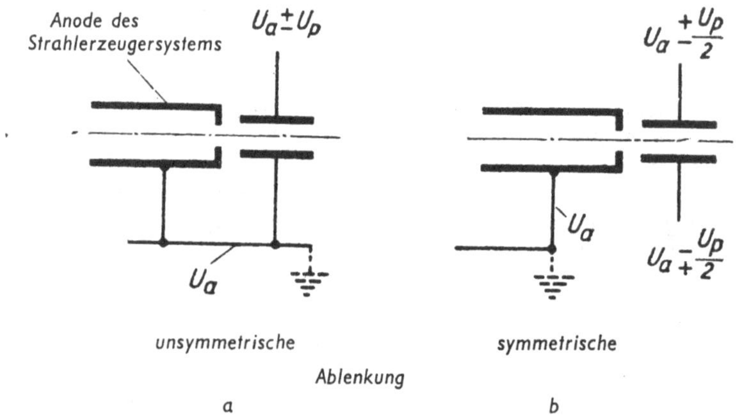

Abb. 76. Unsymmetrische und symmetrische Zuführung der Ablenkspannungen an die Platten

69. Die Trapezverzeichnung tritt nicht auf, wenn die Ablenkung **symmetrisch** erfolgt (Abb. 76b), d. h. beide Ablenkplatten gegenpolig an der Meßspannung liegen. In diesem Falle liegt z. B. die eine Platte an dem Potential $U_a + \frac{U_p}{2}$, die andere an $U_a - \frac{U_p}{2}$. Damit bleibt das „mittlere Potential" auch bei Vorhandensein einer Ablenkspannung U_p stets gleich dem Anodenpotential U_a.

Die Schaltung zur „Symmetrierung" der Meßspannungsquelle zeigt Abb. 77. Über das aus den beiden Hochohm-Widerständen R gebildete

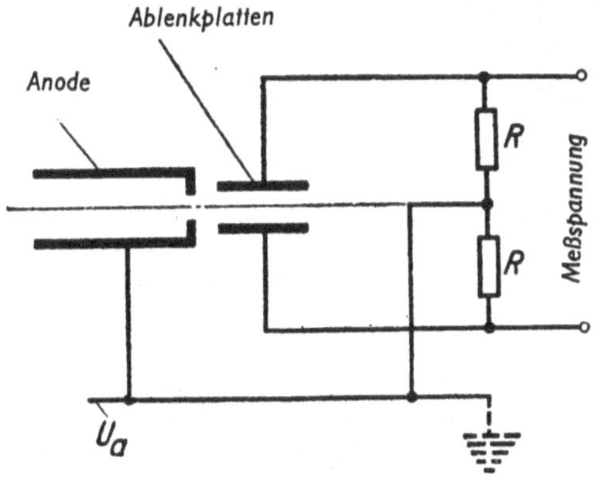

Abb. 77. Schaltung zur Symmetrierung der Meßspannungsquelle

Potentiometer wird das mittlere Potential der Meßspannungsquelle auf U_a (Erde) gehalten. Natürlich darf nicht schon von vornherein eine Platte mit der Anode (Erde) verbunden sein.

Zur **nachträglichen Symmetrierung** unsymmetrischer Spannungen kann man Transformatoren und auch Verstärkerröhren benutzen, wie im Abschnitt V näher erläutert wird.

Zur **Beseitigung des Trapezeffektes** genügt es, wenn das zweite Ablenkplattenpaar, das dem Leuchtschirm am nächsten liegt, mit symmetrischen Spannungen betrieben wird, jedoch ist im Interesse geringer Bildfehler und Fleckverzerrungen auch der symmetrische Betriebszustand des ersten Plattenpaares empfehlenswert.

70. Mit Hilfe besonderer Ablenkplattenformen kann man auch bei unsymmetrischer Ablenkung den Trapezeffekt „entzerren". Man versieht zu diesem Zweck z. B. die eine Platte, an der die Meßspannung liegt,

mit zwei umgeschlagenen Seitenlappen. Hiermit ist eine verhältnismäßig gute Aufhebung der trapezförmigen Verzerrung zu erreichen, wie Abb. 78 zeigt. Allerdings bleiben bei dieser Art der Entzerrung die **Fleckverzerrungen** erhalten. Auch hat man hierbei den Nachteil, daß bei diesen Plattenformen nunmehr im symmetrischen Betrieb eine Trapezverzerrung auftritt.

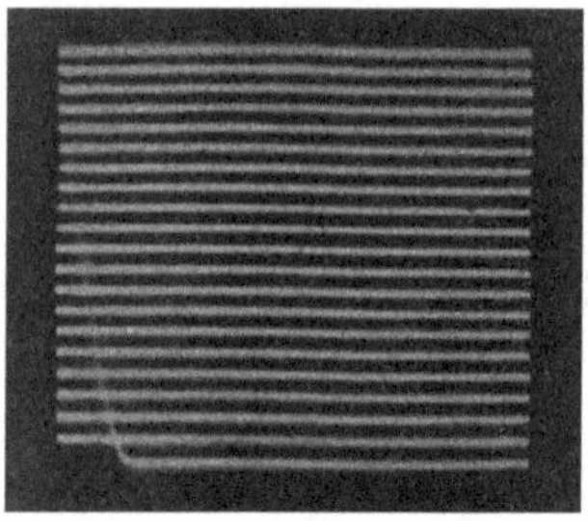

Abb. 78. Ausgleich der in Abb. 75 gezeigten Trapezverzerrung durch besondere Ablenkplattenform

In einer anderen Ausführung technischer Oszillographenröhren wird die künstliche Symmetrierung der Ablenkfelder bei unsymmetrischem Betriebszustand dadurch erreicht, daß zusätzlich zwischen den Plattenpaaren Blenden eingebaut sind, die entweder direkt oder über ein hochohmiges Potentiometer mit den Ablenkplatten verbunden sind.

71. In Abschnitt I wurde die vielbenutzte Ablenkung in **rechtwinkligen Koordinaten** erklärt; es wurde erwähnt, daß dabei meist in horizontaler Ablenkrichtung eine gleichmäßige Bewegung des Leuchtflecks von links nach rechts erfolgt. Um eine solche **lineare Zeitablenkung** zu erreichen, muß an das eine (vertikal stehende) Ablenkplattenpaar eine periodische Spannung von der in Abb. 79 gezeigten Form gelegt werden. Die Spannung steigt gleichmäßig vom tiefsten negativen Wert (Punkt 1) bis zum positiven

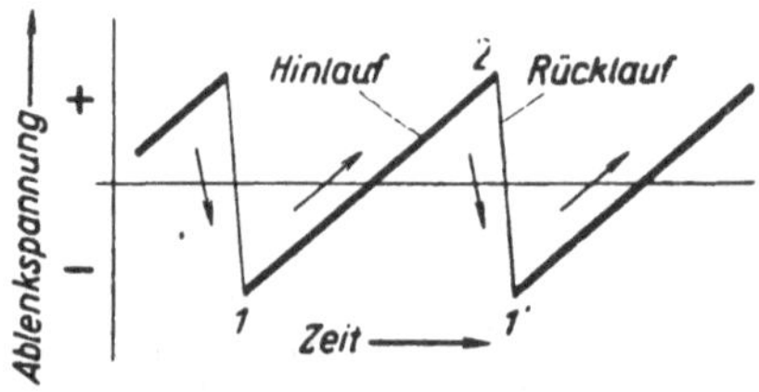

Abb. 79. Spannungsverlauf der linearen Zeitablenkung

Spitzenwert (Punkt 2) an (Hinlauf) und springt dann schnell auf den unteren negativen Anfangswert (1′) wieder zurück (Rücklauf). Man nennt eine solche Kurvenform **sägezahnförmig.** Um eine gleichmäßige Zeiteinteilung auf der Zeitachse zu haben, muß der Anstieg der Spannungskurve vollkommen geradlinig erfolgen. (Über die Erzeugung solcher sägezahnförmiger Ablenkspannungen siehe Abschnitt V.)

Abb. 80 zeigt im Photo das Oszillogramm einer **sägezahnförmigen Ablenkspannung,** über einer linearen Zeitablenkung geschrieben. Das Zurückspringen auf den unteren negativen Wert geschah dabei so schnell, daß

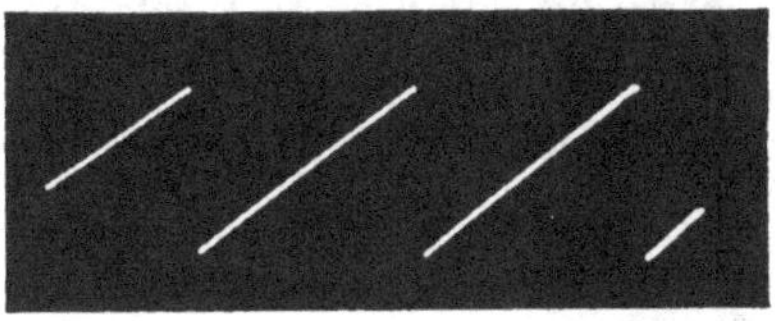

Abb. 80. Oszillogramm einer sägezahnförmigen Spannung für die Zeitablenkung in Oszillographenröhren

kaum eine sichtbare oder photographisch wirksame Erregung des Leuchtschirmes vorhanden war, so daß die Kurvenzüge scheinbar gar nicht miteinander in Zusammenhang stehen.

Abb. 81 läßt erkennen, wie aus der **strichförmigen** Ablenkung durch eine Wechselspannung an dem einen (horizontalen) Plattenpaar (*a*) (vgl. Abb. 67) durch Anlegen einer **sägezahnförmigen** Ablenkspannung an das andere (vertikale) Ablenkplattenpaar die Darstellung des zeitlichen Ab-

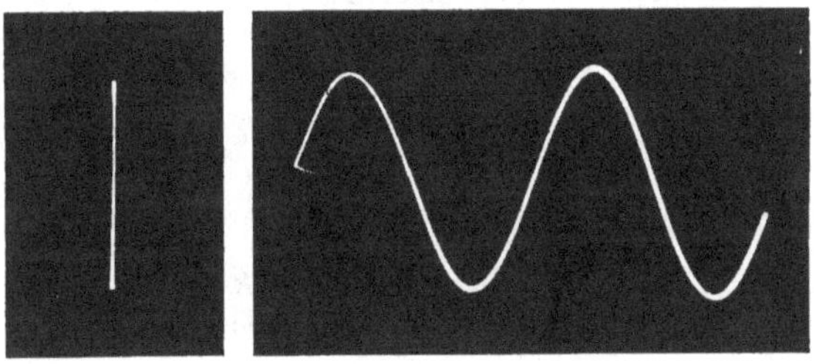

Abb. 81. Oszillogramm einer Sinusspannung mit (rechts) und ohne (links) Zeitablenkung

laufes der Meßspannung entsteht (*b*). Es handelt sich bei diesem Beispiel um das Oszillogramm einer sinusförmigen Wechselspannung. Die Periodenzahl der Zeitablenkung war halb so groß wie die Sinusperiode, so daß zwei Sinusperioden als stehende Kurve auftreten.

72. Legt man an beide Plattenpaare **sinusförmige** Wechselspannungen **gleicher** Frequenz und Schwingungsweite, so erhält man bei geeigneten

Phasenverhältnissen der beiden Spannungen gegeneinander auf dem Leuchtschirm eine **Kreisablenkung,** die für die Praxis von großer Bedeutung ist.

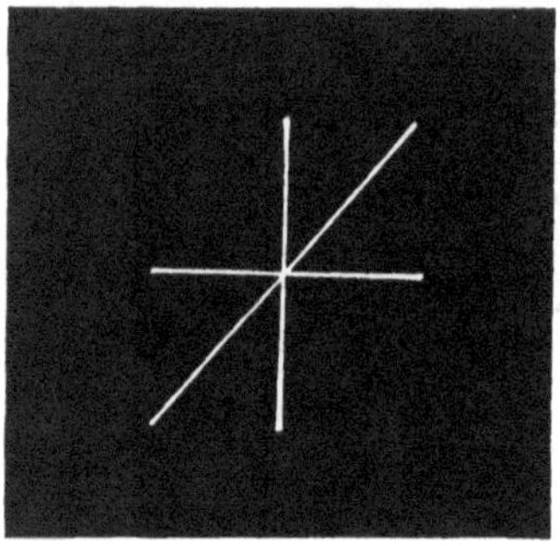

Abb. 82. Kurvenbild auf dem Leuchtschirm einer Oszillographenröhre bei Ablenkung mit Sinusspannungen gleicher Frequenz und Phase in beiden Richtungen

Zunächst sei der einfache Fall gezeigt, daß beide Wechselspannungen in **gleicher** Phase (gleichem Schwingungszustand) und Amplitude auf die Ablenkplatten einwirken. Man erhält dann auf dem Leuchtschirm einen um 45°[1]) zu den Koordinatenachsen schräg liegenden Strich, denn es wird in jeder Richtung im gleichen Maß und gleichzeitig abgelenkt, so daß sich einfach die Verbindung der in Abb. 72 dargestellten Punkte ergibt.

Abb. 82 zeigt ein solches mit zwei sinusförmigen Ablenkspannungen gleicher Frequenz und Phasenlage geschriebenes Oszillogramm. Die Ablenkungen in jeweils nur einer Richtung sind getrennt aufgenommen und mitphotographiert, um die Koordinatenachsen festzulegen.

73. Die Verhältnisse ändern sich grundsätzlich, wenn zwischen den beiden Ablenkspannungen eine **Verschiebung** der **Phase** vorhanden ist, d. h. wenn die Ablenkspannungen zeitlich verschoben auf das Elektronenstrahlbündel einwirken. Von besonderer Bedeutung ist eine Phasenverschiebung um ¼ der Periode, also von 90°, wie in Abb. 83 dargestellt ist. In diesem Fall erreicht jeweils die eine Spannung ihren Höchstwert, wenn die andere gerade durch Null geht. Legt man die bei-

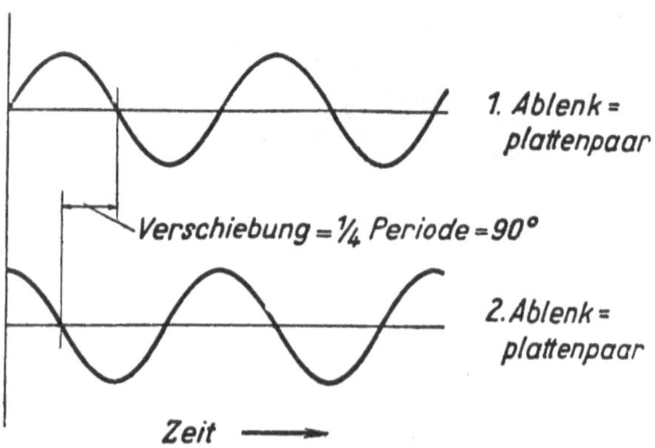

Abb. 83. Zwei um 90° phasenverschobene Sinusspannungen

[1]) Genau 45° sind es natürlich nur bei gleicher Ablenkempfindlichkeit in beiden Richtungen.

den phasenverschobenen Spannungen gleicher Frequenz und Schwingungsweite (Amplitude) an die beiden Ablenkplattenpaare, so erhält man auf dem Leuchtschirm einen **kreisförmigen Umlauf des Leuchtfleckes.**

Dies soll an Hand von Abb. 84 näher erläutert werden. In dieser Darstellung ist r e c h t s der zeitliche Ablauf der vertikalen Ablenkspannung und n a c h u n t e n der um 90° oder $\frac{\pi}{2}$[1]) phasenverschobene Ablauf der horizontalen Ablenkspannung aufgezeichnet. Weiterhin ist die Periode in 12 Teile aufgeteilt, um eine schrittweise Darstellung der Zusammenwirkung der beiden Teilspannungen erklären zu können.

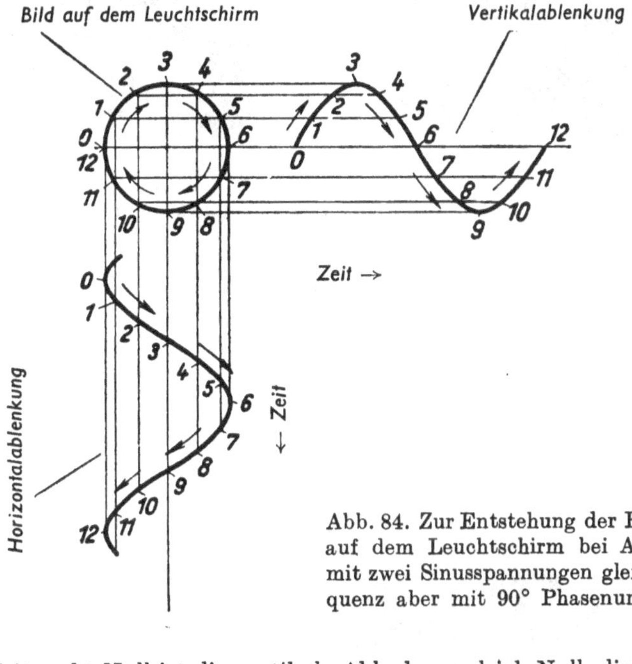

Abb. 84. Zur Entstehung der Kreisbahn auf dem Leuchtschirm bei Ablenkung mit zwei Sinusspannungen gleicher Frequenz aber mit 90° Phasenunterschied

Im Zeitpunkt Null ist die vertikale Ablenkung gleich Null, die horizontale dagegen auf ihrem linken Höchstwert. Im darauffolgenden Zeitmoment 1 nimmt die vertikale Ablenkung zu, die horizontale ab, der Leuchtpunkt wandert nach oben rechts. Ebenso ist es im Punkt 2, bis im Punkt 3 die vertikale Ablenkung ihren Höchstwert erreicht, während die horizontale gleich Null ist. Dann nimmt die Vertikalablenkung ab, die horizontale

[1]) Einen Kreisumlauf oder 360° bezeichnet man in der Technik mit der Zahl 2π (Umfang des Einheitskreises), also $90° = \frac{\pi}{2}$.

nimmt zu, der Leuchtfleck wandert nach unten rechts, und so geht es weiter, wie man sich ohne weiteres aus der Abb. 84 erklären kann, bis der ganze Kreis nach einer Periode einmal durchlaufen ist.

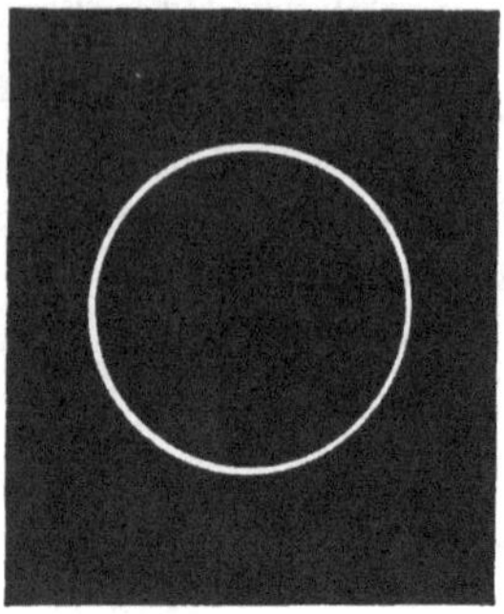

Abb. 85. Oszillogramm einer Kreisablenkung nach Abb. 84

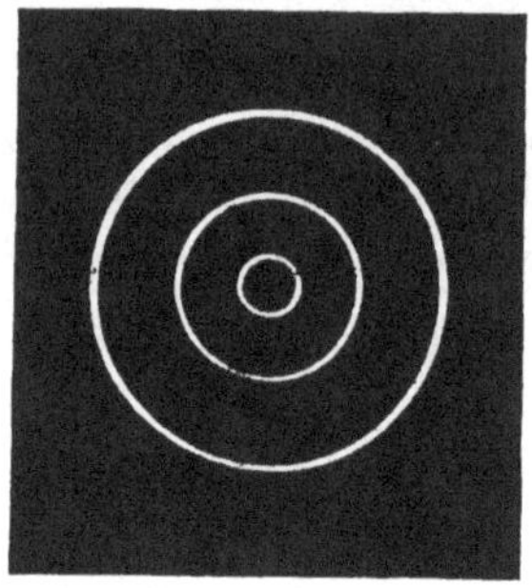

Abb. 86. Kreisablenkung bei verschiedener Amplitude der Ablenkspannungen

In Abb. 85 ist ein auf diese Weise geschriebenes Kreisoszillogramm mit einer Frequenz von etwa 200 Hz aufgenommen.

Verändert man die **Größe der Ablenkspannungen,** so ändert sich entsprechend der **Durchmesser** des Kreises, wie in Abb. 86 in drei Stufen gezeigt ist.

74. Ist die Phasenverschiebung der beiden Ablenkspannungen nicht genau 90° oder sind die Schwingungsweiten (Amplituden) der beiden Ablenkungen verschieden groß, so erhält man eine **Ellipse** (Abb. 87).

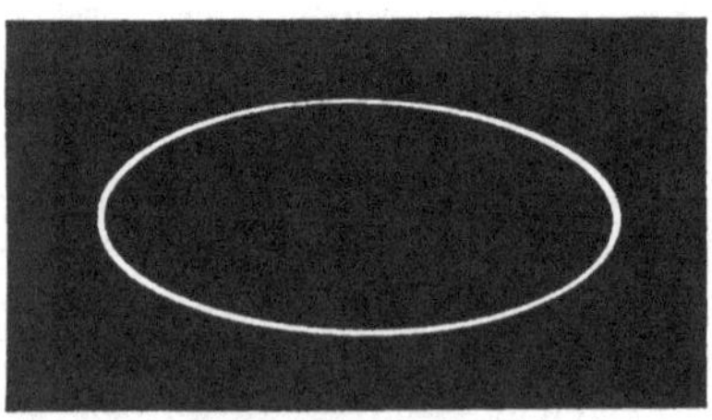

Abb. 87. Ellipse bei Abweichung der Phasenverschiebung von 90° oder bei verschiedener Amplitude der Teilablenkungen

Da die beiden Ablenkplattenpaare infolge des verschiedenen Abstandes vom Leuchtschirm stets eine verschiedene Ablenkempfindlichkeit haben, muß die eine der zur Kreisablenkung benötigten Spannungen stets etwas größer sein als die andere (vgl. Ziff. 64).

75. Wichtig ist für eine gute **Kreisform,** daß die beiden Sinusspannungen frei von **Oberwellen** sind. Diese Oberwellen treten häufig durch verschiedene elektrische oder magne-

tische Störungen im Leitungssystem auf. Sie verformen die Sinuskurven oft beträchtlich.

Die in Abb. 88 gezeigte, mit Oberwellen verhältnismäßig geringer Stärke

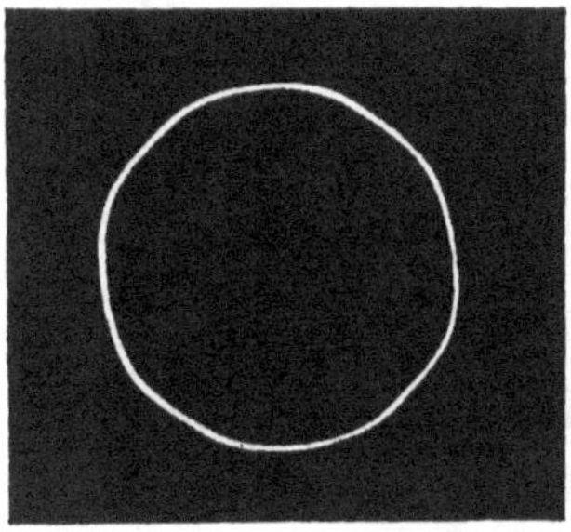

a

Störung der Kreisform durch Oberwellen in den Ablenkspannungen

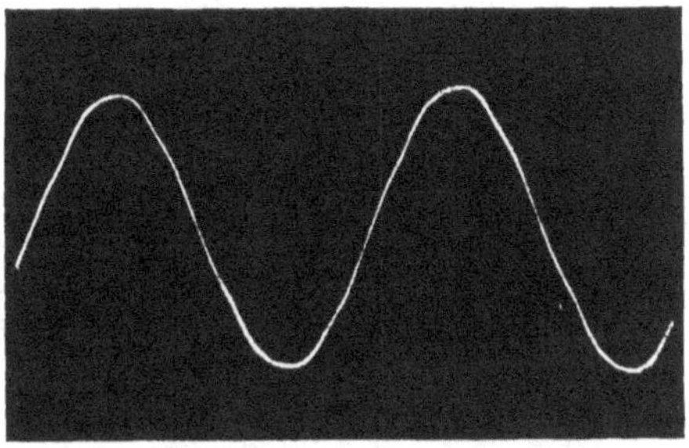

b

Oszillogramm (mit normaler Zeitablenkung) der einen oberwellenhaltigen Ablenkspannung

Abb. 88.

verunreinigte Ablenkspannung (*b*) bewirkt bereits eine merkliche Störung der Kreisform (*a*).

76. Wird die Kreisbahn zur Zeitablenkung benutzt, so muß die Ablenkung durch den aufzuzeichnenden Vorgang **senkrecht** zur Bahnbewegung, also in Richtung des Kreisradius, erfolgen. Solche Ablenkungen erzeugt ein **Zylinder-** bzw. **Kegelkondensator** als Ablenkvorrichtung nach Abb. 89. Er

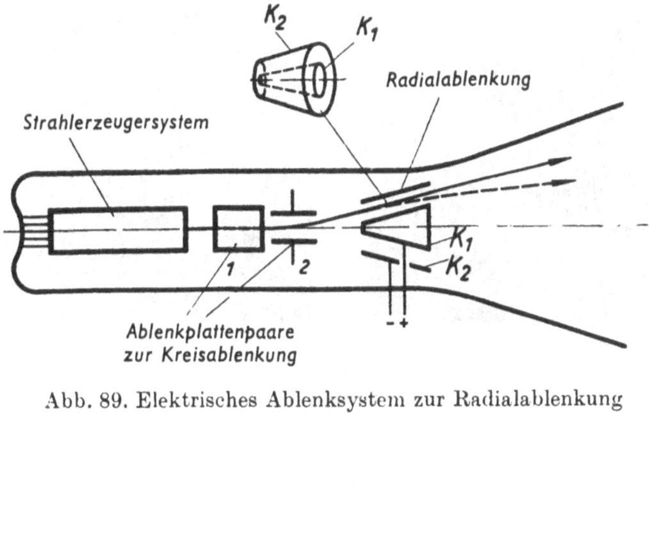

Abb. 89. Elektrisches Ablenksystem zur Radialablenkung

wird zweckmäßig aus zwei ineinandergesetzten Kegelmänteln K_1 und K_2 gebildet. Legt man eine Spannungsdifferenz an die beiden Elektroden, dann entsteht ein elektrisches Feld, dessen Kraftlinien senkrecht auf der

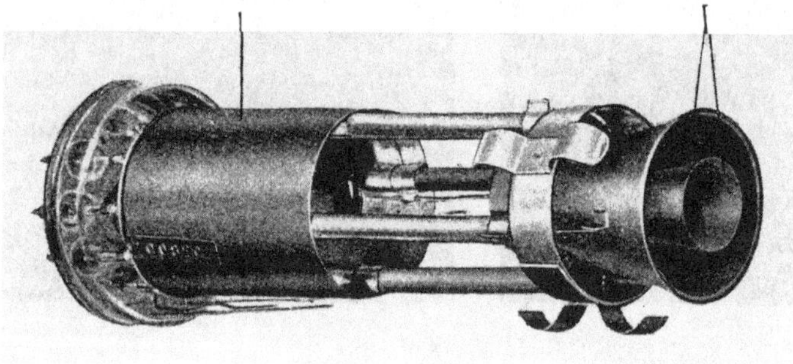

Abb. 90. Technische Ausführung eines Radialablenksystems (Telefunken)

Fläche der Kegelmäntel stehen. Ein von links eintretendes Elektronenstrahlbündel wird dem Zug der Kraftlinien folgend abgelenkt. In dem skizzierten Fall der Abb. 89 wird er nach innen abgelenkt, da der innere Kegel positiv gegen den äußeren vorgespannt ist.

Zwischen Strahlerzeugersystem und Radialablenksystem liegen normale Ablenkplattenpaare. Mit diesen wird das Elektronenstrahlbündel in obenbeschriebener Weise kreisförmig abgelenkt, so daß es mit einer

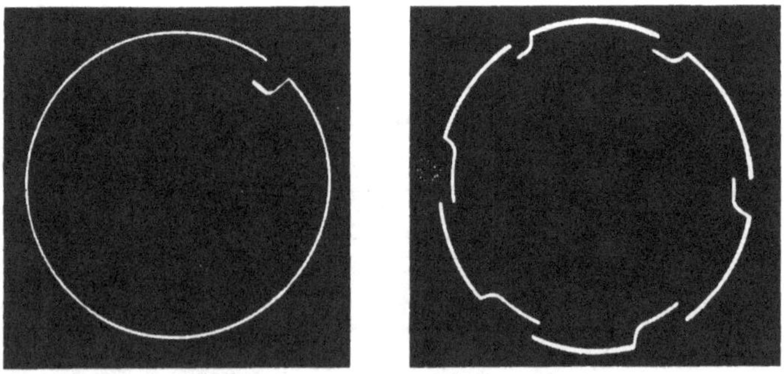

a b

Abb. 91. Polaroszillogramme verschiedener Impulse. Umlauffrequenz des Elektronenstrahlbündels 50 Hz (Netzfrequenz)

bestimmten Geschwindigkeit umläuft, die von der Periodenzahl der Ablenkwechselspannungen je Sekunde abhängt. Die Zeitablenkung ist hierdurch festgelegt. Das Strahlbündel läuft also in der Ruhelage gerade mitten durch den Zwischenraum der beiden Kegelelektroden K_1 und K_2 hindurch. Der zu messende Vorgang wird nunmehr durch die radiale Ablenkung im Doppelkegel angezeigt. Es sind also insgesamt **drei Ablenkfelder** wirksam.

77. Abb. 90 zeigt die technische Ausführung eines Ablenksystems für Radialablenkung bei kreisförmiger Vorablenkung des Elektronenstrahlbündels. Zur Kreisablenkung werden bei diesem System allerdings magnetische Felder benutzt (s. nächsten Abschnitt).

Abb. 91 zeigt das Polaroszillogramm eines Impulses (*a*) kurzer Dauer. Die Umlauffrequenz war 50 Hz (Netzfrequenz). Im anderen Bild (*b*) sind bei gleicher Umlaufgeschwindigkeit mehrere Impulse verschiedener Dauer aufgezeichnet. Man erkennt, daß die lückenlose Aufzeichnung im Polaroszillogramm eine einwandfreie Messung der verschiedenen Zeitintervalle zuläßt.

Überblick

Die **Ablenkung** des Elektronenstrahlbündels erfolgt durch **einseitig gerichtete elektrische** oder **magnetische Felder.**

Zur **elektrischen Ablenkung** benutzt man **Plattenkondensatoren,** in deren Felder die Elektronen **senkrecht** zu den **Kraftlinien** eingestrahlt werden.

Die **Bahn** des abgelenkten Strahlbündels im Felde eines Plattenkondensators ist eine **Parabel.**

Die Größe des Ablenkwinkels **(Ablenkempfindlichkeit)** hängt von der **Feldstärke** im Kondensator, von dessen **Plattenlänge** und von der **Geschwindigkeit** der Elektronen **(Anodenspannung)** ab.

Die auf dem Leuchtschirm angezeigte Ablenkung hängt weiterhin von der **Entfernung** des Ablenkplattenpaares vom Schirm (Zeigerlänge) ab.

Die **Ablenkung** ist der **Ablenkspannung verhältnisgleich.**

Zur Vergrößerung der **Ablenkempfindlichkeit** werden die Ablenkplatten **gekrümmt, geneigt** oder **geknickt** ausgeführt.

Mit zwei um **90° versetzten** Ablenkplattenpaaren wird der Leuchtfleck in **rechtwinklig** zueinander stehenden **Koordinaten** abgelenkt.

Infolge des **Durchgriffs** des einen Ablenkfeldes in das andere entstehen **Verzerrungen** des Leuchtfleckes und **Ungleichmäßigkeiten** der Ablenkung über die Schirmfläche.

Der häufigste Fehler dieser Art ist der **Trapezeffekt.**

Um die trapezförmige Verzeichnung zu beseitigen, muß die Spannung dem zum Leuchtschirm nahen (zweiten) Ablenkplattenpaar **symmetrisch** zugeführt werden.

Um die **Fleckverzerrungen** klein zu halten, ist die **symmetrische** Spannungszuführung auch am anodenseitigen (ersten) Plattenpaar zweckmäßig.

Auch durch **besondere Ausführungen** der **Ablenkplatten** und mit **Zwischenblenden** kann die Trapezverzeichnung ausgeglichen werden.

Zur **linearen Zeitablenkung** wird an das eine, meist vertikale Ablenkplattenpaar eine Wechselspannung von **sägezahnähnlichem Verlauf** gelegt.

Zur **Kreisablenkung** werden an die Ablenkplattenpaare **Sinusspannungen gleicher Frequenz,** aber mit einem **Phasenunterschied von 90°** gelegt.

Zur zusätzlichen **radialen** Ablenkung durch die Meßspannung bei kreisförmiger Vorablenkung verwendet man einen **Ringkondensator** mit **zylindrischen** oder **kegelförmigen** Elektroden.

2. Ablenkung mit magnetischen Feldern

78. Die aus dem Strahlerzeugersystem austretenden und zum Leuchtschirm fliegenden Elektronen stellen einen **elektrischen Strom** dar, der wie jeder elektrische Strom (im Leitungsdraht) **ein Magnetfeld** besitzt. Dieses eigene Magnetfeld kann mit fremden äußeren Magnetfeldern in **Wechselwirkung** treten. Ein stromdurchflossener Leiter erhält dadurch im Magnetfeld einen Bewegungsantrieb. Die entstehenden Kräfte lenken den beweglichen stromführenden Leiter aus seiner ursprünglichen Lage ab[1]).

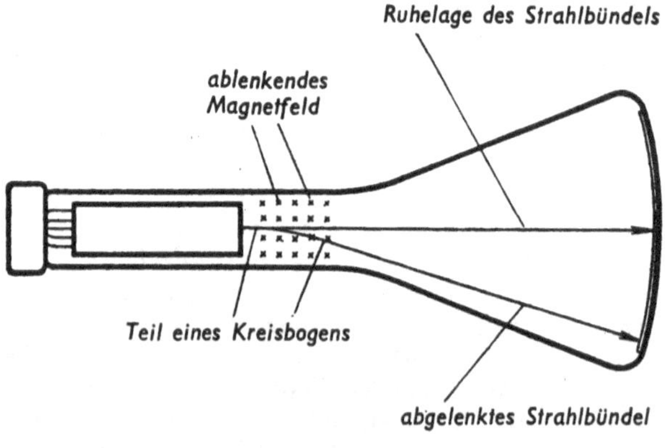

Abb. 92. Ablenkung des Elektronenstrahlbündels in einem magnetischen Querfeld

[1]) Man vergegenwärtige sich zum besseren Verständnis der magnetischen Ablenkung die Grundgesetze der Wechselwirkung zwischen elektrischem Leitungsstrom und Magnetfeld (z. B. in dem im gleichen Verlag erschienenen Buch „Die physikalischen Grundlagen der Elektrizitätslehre“, Abschnitt II G).

In gleicher Weise werden die **Elektronen** durch ein äußeres **Magnetfeld** von der ursprünglich in Richtung der Strahlachse erfolgenden Bewegung **abgelenkt.** Die Ablenkung erfolgt **senkrecht** zur **Bahnrichtung** und **senkrecht** zur **Richtung** der **Kraftlinien** des ablenkenden Feldes.

79. In Abb. 92 ist kurz hinter dem Strahlerzeugersystem ein **homogenes magnetisches Feld** vorhanden, dessen Kraftlinien senkrecht auf der Zeichenebene stehen, also von vorn nach hinten verlaufen (durch × gekennzeichnet). Das Feld wird von geeigneten **Spulen** erzeugt, durch die ein elektrischer Strom bestimmter Stärke fließt.

Das Elektronenstrahlbündel wird nun im Feld abgelenkt, und zwar nach oben oder unten, also senkrecht zur Strahlachse und den magnetischen Kraftlinien. Die Bahn des abgelenkten Strahles im magnetischen Ablenkfeld entspricht dem Stück einer **Kreisbahn.** Die Größe des Gesamtablenkwinkels hängt von der **Stärke** und **Länge** des Feldes und von der **Geschwindigkeit** der Elektronen ab. Die Ablenkung ist der Feldstärke verhältnisgleich, d. h. Verdopplung des das magnetische Ablenkfeld in den Spulen erzeugenden Stromes ergibt eine Verdopplung des Ablenkwinkels. Man kann also bei einem Strom, der sich ändert, auf dem Leuchtschirm Kurvenbilder schreiben, die dem zeitlichen Verlauf des Stromes entsprechen.

Wenn man die beiden Ablenkmethoden vergleicht, so stellt man folgendes fest: Bei der **elektrischen Ablenkung** (Ablenkplatten) werden **Spannungen,** bei der **magnetischen Ablenkung** (Spulen) **Ströme** verwendet.

80. Abb. 93 zeigt die grundsätzliche **Anordnung der Ablenkspulen** für Kathodenstrahlröhren dicht hinter dem Strahlerzeugersystem. Um ein

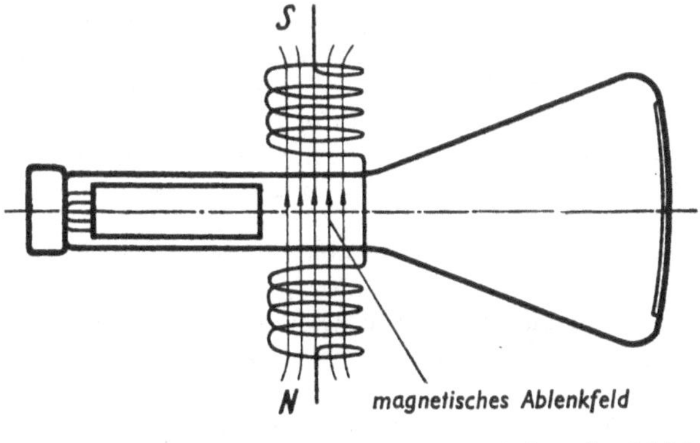

Abb. 93. Anordnung eines Spulenpaares zur magnetischen Strahlablenkung

gleichförmiges Feld zu bekommen, wird ein **Spulenpaar** verwendet, dessen Einzelspulen in Reihe geschaltet sind und zu beiden Seiten des Röhrenhalses liegen. Die magnetischen Kraftlinien verlaufen gemäß Abb. 93 in der Ebene der Zeichnung (von unten nach oben oder auch von oben nach unten je nach der Richtung des Spulenstromes). Die Ablenkung erfolgt dementsprechend nach hinten oder vorn.

81. In der Praxis sind die in Abb. 93 schematisch dargestellten kreisförmig gewickelten Spulen nicht zweckmäßig, da das in der Röhre auftretende Magnetfeld einen ungünstigen Verlauf hat und daher verhältnismäßig starke **Ablenkfehler** auftreten. Besser sind **rechteckig** gewickelte

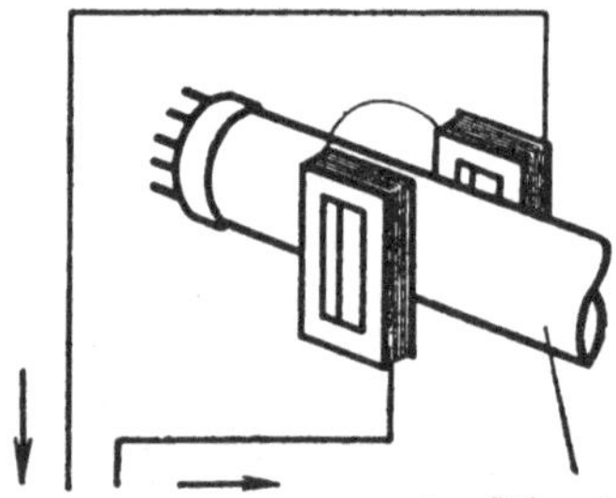

Abb. 94. Ablenkspulen mit rechteckiger Wicklung

Spulen, etwa nach Abb. 94. Dabei ist es vorteilhaft, die **Fläche der Windungen** so zu **krümmen,** daß die Spulen sich an den Röhrenhals anlegen und die Windungsflächen die Form von Halbzylindermänteln haben. Abb. 95 zeigt dies schematisch für je eine Teilspule des Ablenkspulenpaares: Oben die gerade Anordnung und unten die gekrümmte Ausführung.

Abb. 96 zeigt die **technische Ausführung** einer Doppelablenkspule (nach Abb. 95 unten) zur Ablenkung des Elektronenstrahlbündels in zwei zueinander senkrechten Richtungen mit zwei verschiedenen Strömen. Die Wicklung ist in einzelne Spulen unterteilt, die ineinander gelegt und hintereinander geschaltet werden. Diese einzelnen Teilspulen sind leichter herzustellen als eine große rechteckige Spule, und außerdem erreicht man durch die Aufteilung eine kleinere (schädliche) Spulenkapazität. Im gezeigten Beispiel sind je zwei ineinanderliegende Teilspulen vorhanden.

82. Zur Ablenkung des Elektronenstrahlbündels in den beiden senkrecht aufeinander stehenden Richtungen (rechtwinklige Koordinaten) verwendet

man **zwei um 90° versetzte Ablenkspulenpaare.** Hierbei können die beiden Spulensysteme übereinander angeordnet sein (vgl. Abb. 96), ohne daß sich

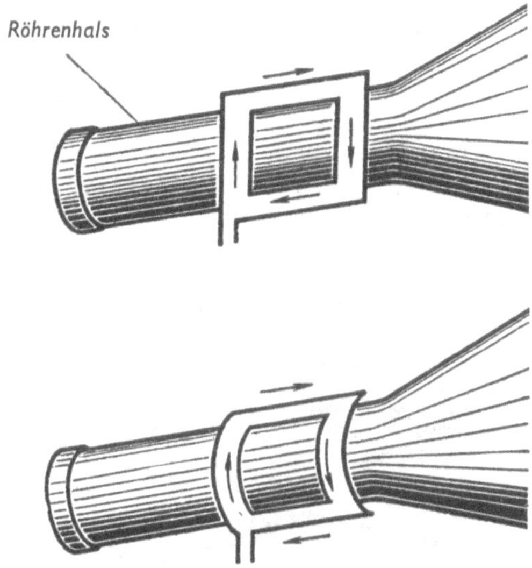

Abb. 95. **Krümmung der Wicklungsfläche der rechteckig gewickelten Spulen um den Röhrenhals**

Abb. 96. Technische Ausführung einer gekrümmten rechteckig gewickelten Ablenkspule (Telefunken)

die beiden verschiedenen Felder stören. Die Bahn des Elektronenstrahlbündels wird also im gleichen Raum in beiden Richtungen beeinflußt im Gegensatz zu der elektrischen Ablenkung, bei der die Ablenkplattenpaare hintereinander liegen.

Die beiden außen liegenden Spulenpaare in Abb. 96 dienen zur Horizontalablenkung, die darunter liegenden, senkrecht dazu angeordneten (im Bild weniger gut sichtbaren) Spulen zur Vertikalablenkung.

83. Durch besondere Gestaltung der Ablenkspulen können die Ablenkfehler und die auftretenden Fleckverzerrungen außerordentlich klein gehalten werden. Die in Abb. 97 gezeigte Form der **geknickten elliptischen** Spulen ist z. B. eine Ausführungsart, die recht fehlerfrei arbeitet und für Fernsehröhren viel verwendet wird.

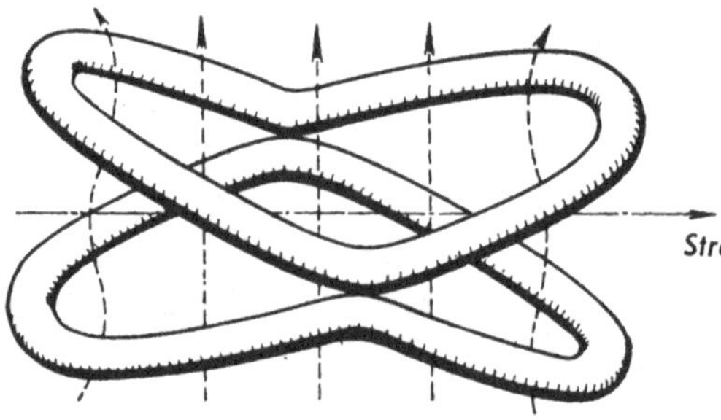

Abb. 97. Schema eines geknickt-elliptischen Ablenkspulenpaares für besonders fehlerfreie Ablenkung

84. Man kann den Wirkungsgrad der Spulen noch verbessern, wenn man die Kraftlinien durch ein **Eisenjoch** zusammenhält und so das Feld verstärkt. Diese Spulen werden ebenfalls in der Technik viel verwendet, insbesondere dann, wenn die Frequenz des Ablenkwechselstromes nicht sehr hoch ist, so daß die Wärme- und Ummagnetisierungsverluste, die durch das Umpolen des Stromes entstehen, noch keine nennenswerte Rolle spielen.

Es gibt grundsätzlich zwei Spulenarten mit Eisenjoch: Solche mit **Schenkelwicklung** (Abb. 98) und solche mit **Polwicklung** (Abb. 99). In der ersten Ausführungsart sind die Wicklungen direkt auf das Joch ähnlich wie bei einem Transformator aufgebracht. Die Eisenspulen mit Schenkelwicklung werden oft auch nur mit einem Schenkel und einer Wicklung (einseitig offen) ausgeführt. Die andere Art entspricht mehr dem Aufbau des Stators eines Elektromotors; die Wicklungen sind hier auf den nach innen vorstehenden Polschuhen aufgebracht.

85. Bezüglich der elektrischen Verhältnisse zur Zeitablenkung, Kreisablenkung usw. gilt auch hier das im vorangehenden Abschnitt bei der

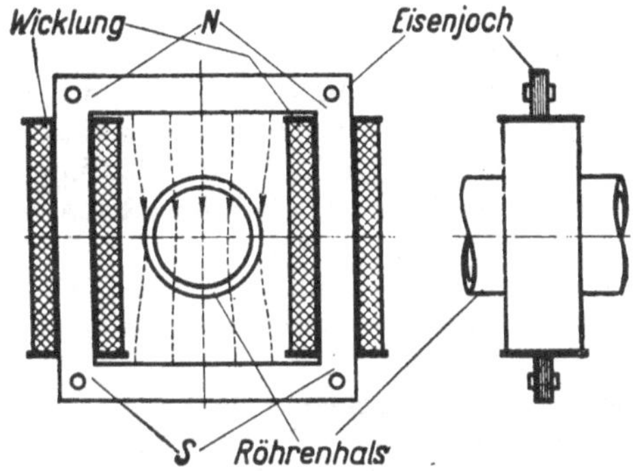

Abb. 98. Ablenkspule mit Eisenjoch und Schenkelwicklung

Ablenkung im Plattenkondensator Gesagte. Man muß nur an Stelle der **Spannung** den **Strom** setzen. So wird zur **linearen Zeitablenkung** ein **sägezahnförmiger Strom** gebraucht, und zur **Kreisablenkung** müssen in den beiden Ablenkspulen **sinusförmige Wechselströme** fließen, die eine **Phasenverschiebung** von 90° gegeneinander besitzen.

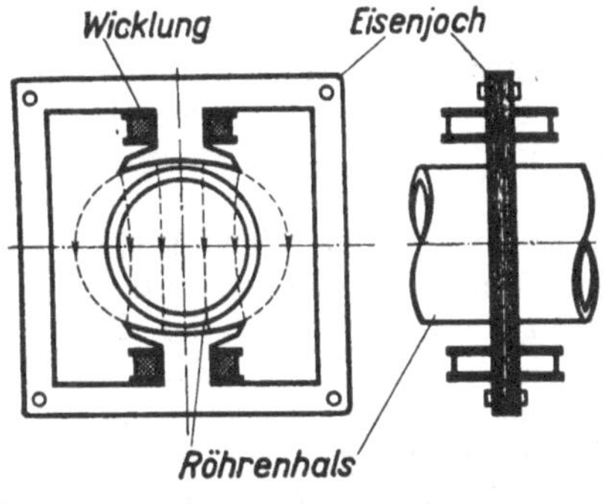

Abb. 99. Ablenkspule mit Eisenjoch und Polwicklung

86. Die Entscheidung, ob die **elektrische** oder **magnetische** Ablenkung zur Anwendung kommen soll, hängt in erster Linie von der **Art** der aufzuzeichnenden **Meßgröße** ab. Ist es eine **Spannung,** so kommt **elektrische** Ablenkung, ist es ein **Strom,** so kommt **magnetische** Ablenkung in Frage. Weiterhin sind bei der Wahl der Ablenkungsart gewisse Vor- und Nachteile der beiden Möglichkeiten von Bedeutung:

87. **Vorteil** der **elektrischen** Ablenkung ist, daß das Ablenksystem die Meßspannungsquelle nur **wenig belastet,** daß also der Ablenkvorgang verhältnismäßig **leistungslos** erfolgt. Als Belastung wirkt im wesentlichen nur die geringe Kapazität der Ablenkplatten und die ihrer Zuleitungen. Mit der elektrischen Ablenkung ist somit die Aufzeichnung von Schwingungen über einen sehr großen Frequenzbereich möglich.

Als **Nachteil** der elektrischen Ablenkung sind die verhältnismäßig großen **Ablenkfehler** anzusehen, die den ausnutzbaren Ablenkwinkel begrenzen.

88. Der **Vorteil** der **magnetischen** Ablenkung ist demgegenüber, daß durch entsprechende Formgebung der Ablenkspulen die **Ablenkfehler klein** gehalten werden können. Das spielt vor allem für solche Anwendungen eine große Rolle, bei denen große Ablenkungen des Leuchtpunktes auf dem Bildschirm bei hoher Stromstärke des Elektronenstrahlbündels notwendig sind (z. B. in Fernseh-Bildschreibröhren). Weiterhin ist bei der magnetischen Ablenkung ähnlich wie bei der magnetischen Bündelung der Elektronen (vgl. Abschnitt II) von Vorteil, daß die Ablenkorgane **außerhalb** der Röhre liegen, so daß eine leichte Justierung und Nachstellmöglichkeit gegeben ist. Auch wird hierdurch der Aufbau im Inneren der Röhre durch den Fortfall der Ablenkplattenpaare wesentlich vereinfacht und verbilligt. Das sind Gesichtspunkte, die insbesondere bei Masseneinsatz der Braunschen Röhren von erheblicher Bedeutung sind (Ausschuß in der Fabrikation).

Von **Nachteil** ist bei der magnetischen Ablenkung, daß stets eine bestimmte **Leistung** notwendig ist (Belastung des Meßkreises) und daß infolge der **Induktivität** und **Eigenkapazität** der Ablenkspulen eine einwandfreie, dem elektrischen Vorgang getreue Aufzeichnung nur in einem **beschränkten Frequenzgebiet** möglich ist. Die magnetische Ablenkung kommt daher insbesondere dann in Frage, wenn die Ablenkung mit **festen Frequenzen** erfolgt (z. B. Bild- und Zeilenfrequenz im Fernsehen). Es werden dann die Spulen im Hinblick auf diese **feste Frequenz** besonders gestaltet und gewickelt.

Überblick

Zur **Ablenkung** des Elektronenstrahlbündels in einem **magnetischen** Feld werden **Ablenkspulen** verwendet, die dicht hinter dem Strahlerzeugersystem von außen in Form eines **Spulenpaares** zu beiden Seiten des Röhrenhalses angebracht sind.

Die Ablenkung erfolgt **senkrecht** zur **Flugrichtung** der Elektronen und **senkrecht** zur **Richtung** der **Kraftlinien** des magnetischen Querfeldes.

In der Praxis verwendet man Spulen mit **rechteckiger** Wicklung, deren **Wicklungsfläche** in Form von Halbzylindermänteln um den Röhrenhals **gekrümmt** ist.

Besonders **fehlerfreie** Ablenkung ergeben **geknickt elliptische** Spulenformen.

Guten Wirkungsgrad haben Ablenkspulen mit **Eisenjoch,** deren Wicklung auf den **Schenkeln** oder auf vorstehenden **Polschuhen** aufgebracht sein kann.

Bei der Wahl zwischen **elektrischer** oder **magnetischer** Ablenkung kommt es darauf an, ob der Meßvorgang als **Spannung** oder **Strom** gegeben ist.

Vorteil der **elektrischen Ablenkung** ist der **geringe Leistungsbedarf** und der **große Frequenzbereich. Nachteilig** sind die verhältnismäßig großen **Ablenkfehler.**

Vorteile bei der **magnetischen** Ablenkung sind die **geringeren Ablenkfehler** und der **vereinfachte Aufbau** im Innern der Röhre durch den Wegfall des Ablenksystems. Von **Nachteil** sind der größere notwendige **Leistungsbedarf** und der verhältnismäßig **schmale Frequenzbereich.**

IV. Die technische Gestaltung der Kathodenstrahlröhren

1. Oszillographenröhren

89. Den Aufbau einer üblichen Röhre zeigt Abb. 100. Das Strahlerzeugersystem und die Ablenkorgane liegen links in dem rohrförmigen Hals. Die Elektronen fliegen nach rechts und treffen auf den Leuchtschirm, der auf dem Boden des Röhrenkolbens angebracht ist.

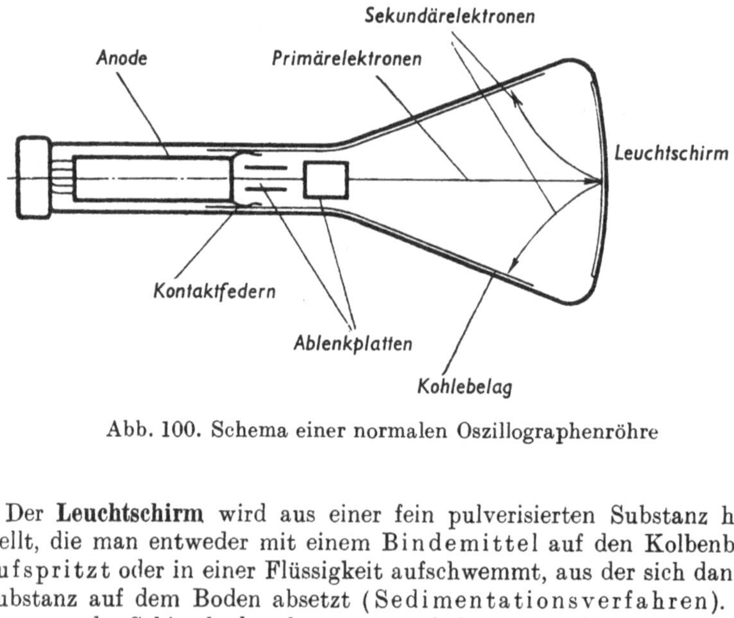

Abb. 100. Schema einer normalen Oszillographenröhre

Der **Leuchtschirm** wird aus einer fein pulverisierten Substanz hergestellt, die man entweder mit einem Bindemittel auf den Kolbenboden aufspritzt oder in einer Flüssigkeit aufschwemmt, aus der sich dann die Substanz auf dem Boden absetzt (Sedimentationsverfahren). Zum Benetzen des Schirmbodens bzw. zum Aufschwemmen der Leuchtsubstanz verwendet man z. B. eine verdünnte Lösung von Wasserglas.

Die **Leuchtsubstanzen** bestehen aus einem Grundstoff, in den geringfügige Mengen eines Metalls (Aktivator) eingelagert sind. Der „Aktivator" bestimmt die **Leuchtfarbe** und auch die Dauer des **Nachleuchtens.**

Als **Grundstoffe** werden vorwiegend Zinksulfid, Mischungen von

Zinksulfid und Kadmiumsulfid oder Mischungen von Zinksulfid und Zinkselenid mit einem Aktivatorzusatz von Silber und Kupfer verwendet.

In **Fernsehabtaströhren,** die eine extrem kurze Nachleuchtdauer haben müssen, wird als Leuchtsubstanz Zinkoxyd benutzt. Andere, allerdings heute weniger verwendete Substanzen sind Zinksilikat sowie Kalzium- und Kadmiumwolframat.

Der Leuchtschirm muß sehr feinkörnig und fleckenfrei sein, um die oszillographisch geschriebenen Bilder auch in ihren Feinheiten einwandfrei auswerten zu können. In Fernsehröhren ist dies besonders wichtig, damit nicht ein störender ungleichmäßiger Bildhintergrund auftritt.

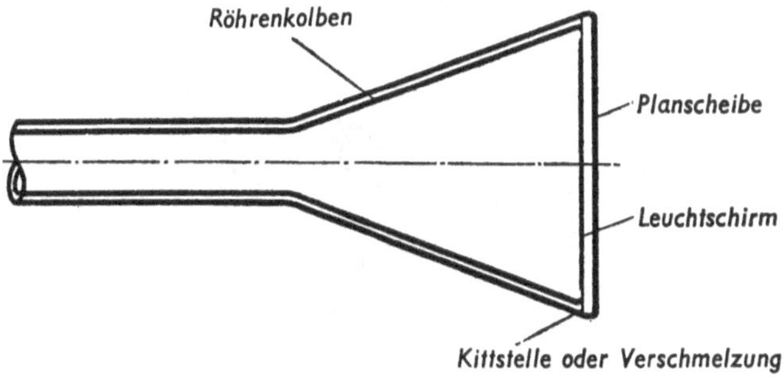

Abb. 101. Abschluß des Röhrenkolbens mit einer Planglasplatte

90. In neuzeitlichen Röhren wird der Leuchtschirm oft auf eine **ebene Glasplatte (Planscheibe)** aufgebracht, die ein genaueres Ausmessen der geschriebenen Kurven ermöglicht. Die Abb. 101 und 102 zeigen einen solchen Röhrenkolben mit Planscheibe als Abschluß. Die ebene Glasplatte wird entweder nach Anpassung an den sauber abgeschliffenen Kolbenboden mit diesem verschmolzen oder mit besonderen Glasschmelzflußmitteln „verlötet", so daß die Verbindungsnaht vakuumdicht ist.

Je nach dem Verwendungszweck der Röhre kann in den Leuchtschirm eine Stricheinteilung als Meßskala eingeritzt werden (vgl. Abb. 107).

91. Das Elektronenstrahlbündel führt dem Leuchtschirm dauernd **negative Ladungen** zu, so daß sich eigentlich der Schirm nach und nach negativ aufladen müßte. Da das Glas ein Isolator ist und die Ladungen sich daher aufstauen, können solche Aufladungen die Bahn des Elektronenstrahlbündels ablenken und starke Störungen verursachen. Durch eine besondere elektrische Materialeigenschaft der festen Körper, der sogenannten **Sekundäremission,** wird dies jedoch verhindert. Die beschleunigten Elektronen

des Strahles (Primärelektronen) schlagen nämlich beim Aufprallen auf das Material aus den Atomen bzw. Molekülen des Stoffes andere Elektronen heraus, die man **Sekundärelektronen** nennt. Es ist dies ähnlich wie bei einem Wassertropfen, der auf eine Wasseroberfläche aufprallt und dadurch mehrere neue kleinere Tropfen aus der Oberfläche herausschleudert. Auch bei dem Aufprall **eines** Elektrons können bei geeigneten Substanzen **mehrere** Sekundärelektronen ausgelöst werden.

Eine solche Stromverstärkung durch Sekundäremission wird heute bereits technisch ausgenutzt in dem sog. **Elektronenvervielfacher** (Multiplier), mit dem man außerordentlich hohe trägheitsfreie Verstärkungsziffern erreicht und der insbesondere zur Verstärkung kleinster **Photoströme** benutzt wird.

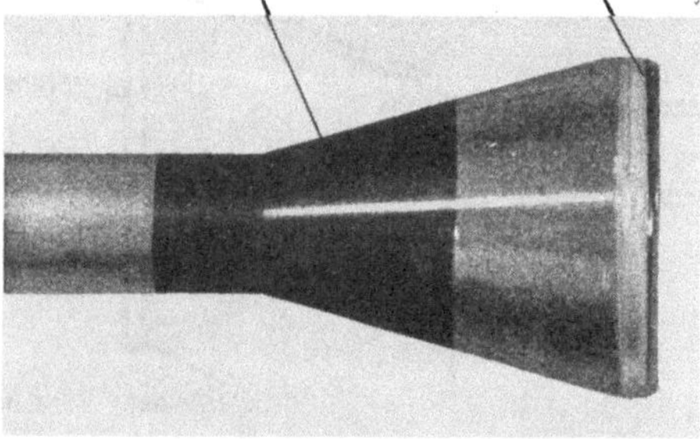

Abb. 102. Ansicht eines Röhrenkolbens mit Planschirm (AEG)

In den Kathodenstrahlröhren bewirkt die **Sekundäremission** ein **Abfließen** der durch den schreibenden Elektronenstrahl aufgebrachten **negativen Ladung.**

Da der auf dem Glas aufgebrachte Leuchtschirm als Isolator anzusehen ist, stellt sich dabei ein elektrisches Gleichgewicht ein, so daß in der Sekunde ebenso viele Sekundärelektronen den Schirm verlassen als primäre Elektronen auftreffen. Durch dieses „Gleichgewichtspotential der Sekundäremission" bleibt der Schirm auf dem Anodenpotential.

92. Den kegelförmig sich erweiternden Teil des Röhrenkolbens versieht man innen meist mit einem **elektrisch leitenden Belag,** der mit der Anodenspannungsquelle verbunden ist und die ausgelösten Sekundärelektronen absaugt. Der leitende Belag **verhindert** schädliche **Aufladungen** der inneren **Glaswand,** die auf die Flugbahnen der Elektronen störend einwirken können. Der Innenbelag wird meist als **dünne Kohleschicht** ausgeführt da-

durch, daß man eine kohlenstoff-(graphit-)haltige Lösung einpinselt oder eine solche Flüssigkeit in den Kolben einfüllt und langsam wieder ablaufen läßt.

Der Innenbelag wird mit der letzten Anode, d. h. also mit der Anode, an der die höchste Spannung liegt, verbunden, wobei die Kontaktleitung über die in Abb. 100 eingezeichneten Federn an dem Anodenzylinder hergestellt wird. Beim Einschieben des Strahlungssystems in den Röhrenhals gleiten diese Federn über den Kohlebelag und stellen so die elektrische Verbindung her.

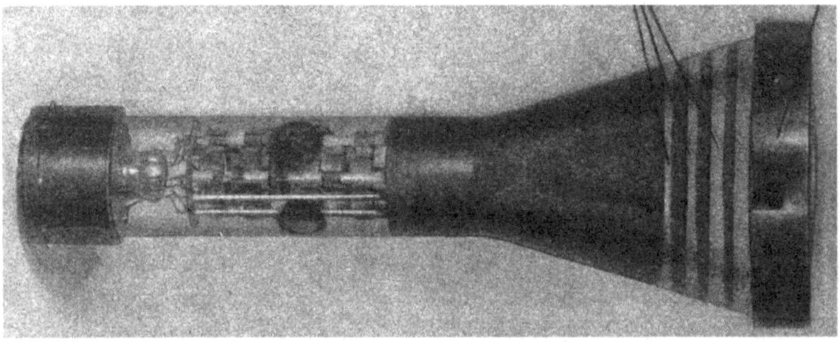

Abb. 103. Oszillographenröhre. Unterteilung des leitenden Innenbelags zur Nachbeschleunigung der Elektronen (AEG)

93. In Spezialröhren mit sog. **Nachbeschleunigung der Elektronen** ist der Kohlebelag einfach oder mehrfach in Form von Ringen unterteilt (Abb. 103); an den Ringen liegen Spannungen, die stufenweise zum Schirm hin ansteigen, die also höher als die Anodenspannung des Strahlerzeugersystems sind. Damit werden die auf den Leuchtschirm fliegenden Elektronen zusätzlich beschleunigt und erzeugen infolge der größeren Energie beim Auftreffen auf den Schirm einen wesentlich helleren Leuchtfleck.

Man könnte sich fragen, ob es nicht das gleiche wäre, wenn im Strahlerzeugersystem durch höhere Spannung die größere Beschleunigung erzeugt wird. Dagegen ist aber zu sagen, daß dann die **Ablenkempfindlichkeit** (siehe Formel Ziff. 62) erheblich verringert würde. Bei der Nachbeschleunigung hingegen durchlaufen die Elektronen die Ablenkorgane mit **geringerer Geschwindigkeit,** lassen sich also leicht ablenken. Zwar verliert man bei der Nachbeschleunigung wieder etwas an Ablenkempfindlichkeit, jedoch ist die Empfindlichkeit im ganzen bei Nachbeschleunigungsröhren größer.

Technische Röhren dieser Art werden mit Beschleunigungsspannungen von etwa 5000 Volt betrieben. Vorteilhaft sind derartige Röhren vor allem für photographische Aufnahmen kurzzeitiger Meßvorgänge.

94. Abb. 104 zeigt das Bild einer üblichen **Oszillographenröhre,** die mit Anodenspannungen von etwa 1500 Volt arbeitet. Das eingebaute Strahlerzeugersystem ist bereits aus den Abb. 52 und 53 bekannt.

Das Ende des Röhrenhalses ist mit einem aufgekitteten **Sockel** abgeschlossen, dessen Kontaktstifte seitlich nach außen ragen. Diese Sockelung entspricht der üblichen Art bei den sogenannten stiftlosen Rundfunkröhren (z. B. AC 2, AL 4 usw.); sie ist hier besonders vorteilhaft, weil die Entfernungen zwischen den einzelnen Kontakten auf dem äußeren Rand des Sockels groß sind und so die Gefahr eines Überschlags der Hochspannung bei den Zuleitungen weitgehend vermieden wird.

Abb. 104. Ansicht einer normalen Oszillographenröhre (AEG)

Weiterhin erkennt man in Abb. 104 den **Kohlebelag** zur Ableitung der Wandladungen, die insbesondere in der Gegend der Ablenkplatten und dem anschließenden Teil des kegelförmigen Kolbens stören können. Dicht vor dem Schirm ist die Störmöglichkeit nicht mehr so groß, so daß dort der Kohlebelag weggelassen ist. Die Bekohlung ist in Abb. 104 nur etwa bis zur Mitte des konischen Kolbens aufgetragen.

Die abgebildete Röhre ist etwa 27 cm lang und hat 10 cm Schirmdurchmesser. Die Ablenkempfindlichkeit beträgt 0,25 mm je Volt bei 1500 Volt Betriebsspannung. Die Helligkeit des Leuchtschirmbildes reicht aus, um Oszillogramme bei Schreibgeschwindigkeiten von 1 km in der Sekunde noch gut erkennen zu können.

95. In neuerer Zeit werden für einfachere Messungen und Überwachungszwecke besonders **kleine Oszillographenröhren** (Oszilloskope) verwendet. Eine solche Ausführung zeigt Abb. 105. Die Röhre hat etwa die Größe einer Rundfunkendverstärkerröhre. Der Glaskolben hat zylindrische Form.

Der Leuchtschirm ist auf der Stirnseite des Glasrohres aufgetragen. Der Kohlebelag wurde hier weggelassen, denn evtl. Glasaufladung sind in dieser Form nicht zu befürchten, und die Sekundärelektronen fliegen direkt zur Anode bzw. zu den Ablenkplatten.

Abb. 105. Kleine Oszillographenröhre (Philips)

Derartige Kleinröhren werden wegen des einfachen Aufbaues in größeren Serien hergestellt und zur laufenden Überwachung der elektrischen Vorgänge in verwickelten Schaltgeräten (z. B. Impulserzeuger) eingesetzt.

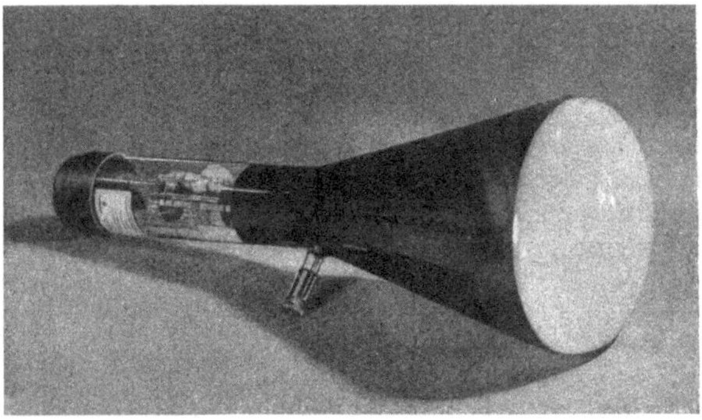

Abb. 106. Oszillographenröhre für Polarkoordinatenablenkung (Siemens)

Auch für Prüfgeräte in der Wechselstromtechnik sind sie vorzüglich geeignet. Die in Abb. 105 gezeigte Ausführung arbeitet mit Anodenspannungen von 500–800 Volt.

96. Die in Abb. 106 dargestellte Röhre ist mit einem Zylinderkon-

densator zur Radialablenkung bei Kreisoszillogrammen versehen (Polarkoordinatenröhre) (vgl. Ziff. 76). Der eine Belag des Radialablenkkondensators ist dabei mit der Anode (Erde) des Strahlerzeugersystems verbunden, während die Zuleitung zum anderen, an den die Meßspannung geführt wird, durch eine besondere Einschmelzung seitlich aus dem Röhrenkolben herausgeführt ist. Dies hat gegenüber dem längeren Weg über den Sockel den Vorteil, daß die störenden Kapazitäten der Meßleitung gegen Erde erheblich kleiner sind, so daß auch bei hohen Ablenkfre-

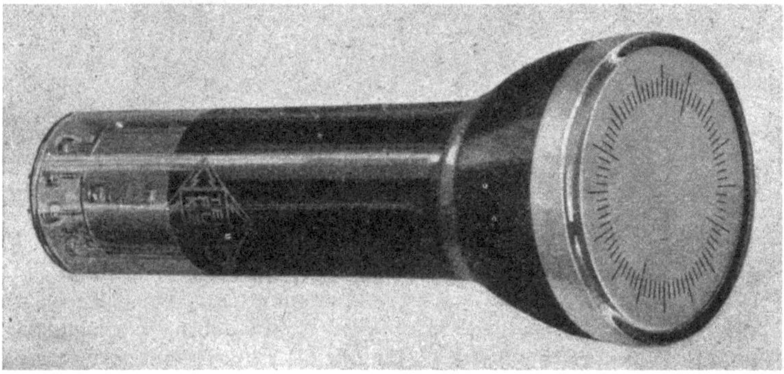

Abb. 107. Polaroszillographenröhre mit Gradeinteilung auf dem Leuchtschirm (Telefunken)

quenzen keine Störungen durch kapazitive Belastungen des Meßkreises oder auch durch „Übersprechen" auf andere Elektroden im System auftreten.

Die Bekohlung der Innenwand des Röhrenkolbens ist auch in diesem Bild gut zu erkennen.

97. Eine andere Ausführungsart einer **Oszillographenröhre für Polarkoordinaten** zeigt Abb. 107. Der Leuchtschirm ist auf eine **Planscheibe** aufgebracht, die mit einer strichförmigen **Radialteilung** des Umfangs versehen ist. Dies ist z. B. für Winkelmessungen (Phasenverschiebung, Laufzeitmessungen) besonders zweckmäßig. Der Röhrenhals erscheint besonders lang, da in ihm außer dem Strahlerzeugersystem und dem Radialablenkkondensator noch ein bestimmter Raum vorhanden sein muß, in dem die außen angebrachten magnetischen Felder zur Kreisablenkung auf das Elektronenstrahlbündel einwirken.

Die Röhre selbst ist auf einem Preßteller aus Glas mit angespitzten Metallstiften aufgebaut, der eine besondere Sockelung für die Kontaktzuführung überflüssig macht (vgl. Abb. 63).

98. Zur gleichzeitigen Aufzeichnung und zum Vergleich mehrerer Meßvorgänge auf dem Bildschirm benutzt man **Oszillographenröhren** mit **zwei** oder **mehr Strahlbündeln.** In Abb. 108 ist eine derartige Röhre für zwei Elektronenstrahlbündel mit zwei voneinander getrennt aufgebauten Strahlerzeugersystemen abgebildet. Die Achsen der beiden Systeme

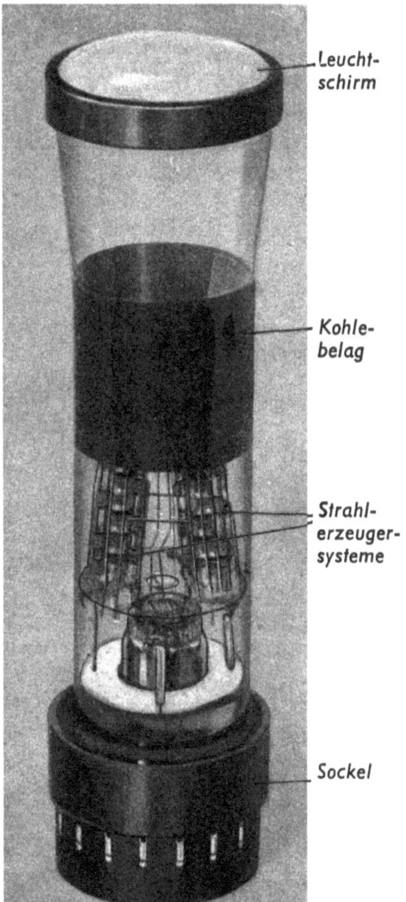

Abb. 108.
Oszillographenröhre mit zwei Strahlbündeln (AEG)

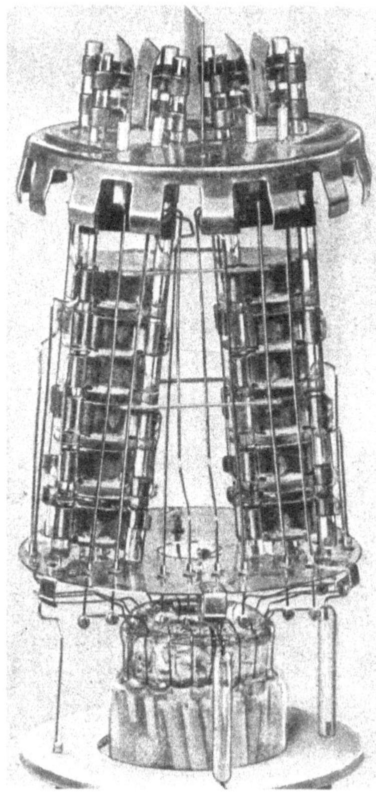

Abb. 109. Strahlerzeugersystem der Oszillographenröhre mit zwei Strahlbündeln nach Abb. 108 (AEG)

liegen schräg zueinander und sind auf denselben Punkt (Mittelpunkt) des Schirms gerichtet. Man kann hiermit also zwei Oszillogramme ineinander schreiben. Das eingebaute Doppelstrahlerzeuger- und Ablenksystem zeigt Abb. 109. Die beiden Teilsysteme sind elektrisch vollkommen voneinander getrennt, so daß eine gegenseitige Beeinflussung nicht auftritt. Insbesondere sind die Ablenksysteme gut gegeneinander abgeschirmt, so daß man ohne weiteres an das eine System eine hochfrequente Ablenkspannung anlegen kann, ohne daß das andere Strahlbündel mit abgelenkt wird. Auch jedes einzelne Strahlsystem kann natürlich allein zu Messungen oder Beobachtungen verwendet werden.

Ein solches Doppelsystem besitzt eine große Zahl von elektrischen Durchführungen vom Inneren der Röhre nach außen hin, die alle in einem großen ringförmigen Quetschfuß zusammengefaßt sind.

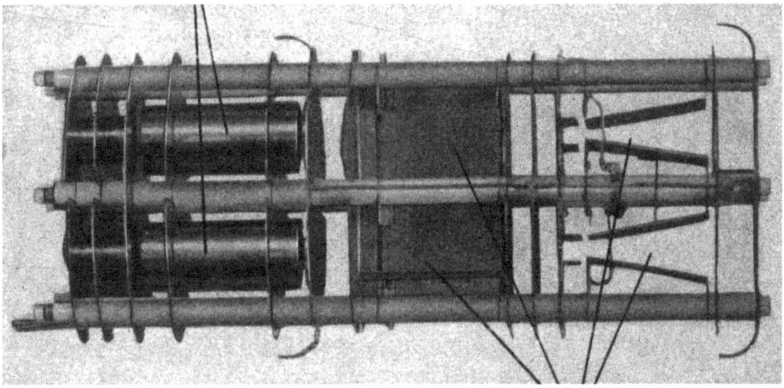

Abb. 110. Andere Ausführung eines Systems für Zweistrahloszillographenröhren (Siemens)

Der oben zwischen den Ablenkplatten angeordnete Federkranz dient zur Halterung und Zentrierung des ganzen Aufbaues in dem Glaskolben und zur elektrischen Verbindung der Anode mit dem Kohlebelag.

99. Eine **andere Aufbauart** eines **Zweistrahlsystems** zeigt Abb. 110; hier laufen die beiden Strahlachsen parallel. Die beiden Oszillogramme werden also nicht ineinander, sondern übereinander auf den Schirm geschrieben. Der Aufbau ist mit doppelt halbkreisförmigen Metallplatten ausgeführt, die an keramischen Rundstäben gehaltert sind. Auch hier sorgen besondere Abschirmbleche für die elektrische Trennung der beiden Systeme.

100. In **Oszillographenröhren** erfolgt die **Bündelung** der Elektronenstrahlen meist mit **elektrischen** Linsen. Zur **Ablenkung** des Elektronenstrahlbündels werden ebenfalls **elektrische Felder** bevorzugt (Ablenkplattenpaare), da die Aufzeichnung der Meßvorgänge möglichst **leistungslos** und **verzerrungsfrei** über einen weiten Frequenzbereich erfolgen soll.

101. Der **Herstellungsgang** der Kathodenstrahlröhren ist dem der normalen Elektronenröhren sehr ähnlich.

Kurz gesagt ist der Gang der Fertigung folgendermaßen: Das fertig aufgebaute **Strahlerzeugersystem** wird in den Röhrenhals eingeschoben und der **Quetschfuß** bzw. **Preßteller** mit dem Röhrenkolben **verschmolzen.** Dann schließt man die Röhre über den Pumpstengel an die **Hochvakuumpumpe** an und beginnt mit dem Auspumpen der Luft. Dabei wird die ganze Röhre in einem Heizkasten **erhitzt,** um alle Gasreste aus den Aufbauteilen des Systems und dem Glas auszutreiben **(Ausheizen und Entgasung).** Nach Entfernen des Heizkastens wird die **Glühkathodenschicht** formiert. Sie wird mit der Heizwendel der indirekt geheizten Kathode (vgl. Ziff. 25) zunächst **erhitzt** und dann durch positive Vorspannung der naheliegenden Steuerscheibe zur Elektronenemission angeregt **(Aktivieren),** dann werden die Spannungen an alle Elektroden des Strahlerzeugersystems angelegt, und die Röhre bleibt auf dem Pumpstand eine Zeitlang in Betrieb.

102. Zur Aufrechterhaltung des hohen Vakuums in der später abgeschmolzenen Röhre bringt man – wie in den Rundfunkröhren – ein sogenanntes **Getter** an, das aus einem Metallniederschlag, z. B. Barium oder Magnesium, auf der Glaswand besteht. Das Gettermaterial ist in einer kleinen Pille enthalten (Abb. 111), die an irgendeiner Stelle an das System so angeschweißt wird, daß sie von außen in bekannter Weise mit einem Hochfrequenzfeld durch Wirbelströme erhitzt werden kann. Die Abb. 111 links zeigt z. B. zwei kleine Getterpillen, die an den unteren Rand des Strahlerzeugersystems angeschweißt sind; in Abb. 111 rechts ist die Getterpille an einem besonderen Haltedraht befestigt, der seinerseits an einem der im Quetschfuß eingesetzten Drähte angeschweißt ist.

Bei der Erhitzung des Getters verdampft das eingeschlossene Metall und bildet an der gegenüberliegenden Stelle des Glaskolbens den metallischen Niederschlag. Dieser Metallniederschlag bindet durch Adsorption Gasreste, die insbesondere bei starker Erwärmung in der Röhre frei werden, und dient somit zur **Verbesserung** und **Aufrechterhaltung des Vakuums.**

103. Die fertigen Röhren werden in vielen Fällen im technischen Einsatz in ein **Metallgehäuse** eingebaut, das zur **Abschirmung** der Röhre gegen störende äußere elektrische oder magnetische Felder dient. Störfelder kön-

nen die genaue Aufzeichnung des Meßvorgangs durch zusätzliche Ablenkungen des Strahlbündels im Rhythmus der Störfrequenz erheblich beeinträchtigen. Ferner soll das Gehäuse gleichzeitig **Schutz** bei Zertrümmern der Röhren durch äußeren Luftdruck **(Implosionen)** bieten, obwohl derartige Zerstörungen bei den neueren Röhren durch die erzielten Fortschritte in der Glasverarbeitungstechnik praktisch kaum noch vorkommen.

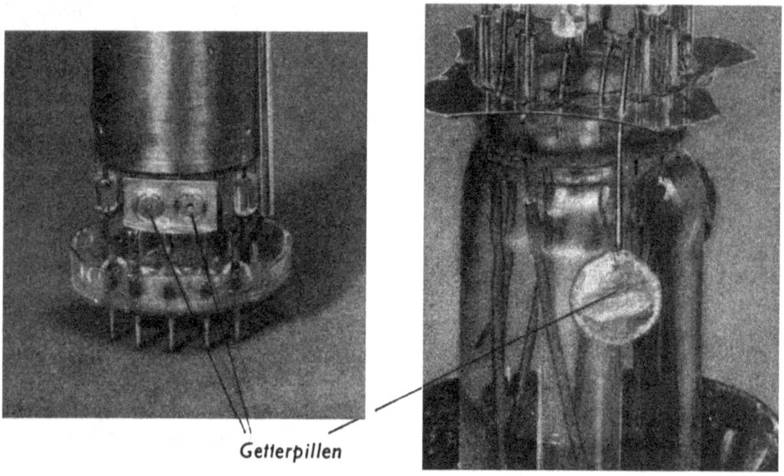

Abb. 111. Anordnung der Getterpillen am Strahlerzeugersystem (Telefunken, Philips)

Überblick

Die **Leuchtschirme** bestehen aus einem **Grundstoff** (z. B. Zinksulfid, Zinkselenid, Kadmiumsulfid), in den geringfügige Mengen eines **Aktivators** (z. B. Silber, Kupfer) eingelagert sind.

Die fein pulverisierte **Leuchtmasse** wird entweder auf den Schirmboden **aufgestäubt** oder in einer Flüssigkeit **aufgeschwemmt,** aus der sich dann die Schicht auf den Boden **absetzt.**

In besonderen Meßröhren ist die Leuchtmasse auf eine **Planscheibe** aufgebracht, die mit dem Röhrenkolben verschmolzen oder verkittet wird.

Die innere **Glaswand** der Braunschen Röhren wird zur **Vermeidung** von **Aufladungen** und zum Abfangen der Sekundärelektronen meist mit einem **Kohlebelag** versehen, der über Kontaktfedern mit der letzten Anode des Strahlerzeugersystems verbunden ist.

In Röhren mit **Nachbeschleunigung** ist dieser **Belag** einfach oder mehrfach **unterteilt**; der **schirmnahe Teil** wird an eine Spannung gelegt, die **höher als die Betriebsspannung** im Strahlerzeugersystem ist.

Röhren mit Nachbeschleunigung ergeben bei guter Schärfe **hellere Leuchtschirmbilder,** ohne daß man größere Verluste an Ablenkempfindlichkeit durch die höhere Spannung (größere Elektronengeschwindigkeit) in Kauf nehmen muß.

Zur gleichzeitigen Aufzeichnung **mehrerer Meßvorgänge** benutzt man Röhren mit **zwei** oder **mehreren** eingebauten **Strahlerzeugersystemen,** die elektrisch voneinander unabhängig arbeiten.

Zur Strahlbündelung und Ablenkung werden in **Oszillographenröhren** vorwiegend **elektrische Felder** benutzt.

Der **Fertigungsgang** der Röhren ist dem der normalen Elektronenröhren ähnlich. Die wesentlichen Stufen sind: **Evakuieren** und **Ausheizen, Formieren** der **Kathode** und **Gettern.**

Die fertigen Röhren werden meist zur **Abschirmung** fremder Störfelder in ein metallisches **Schutzgehäuse** eingebaut.

2. Fernsehröhren

104. Die im **Fernsehempfänger** zur **Bildwiedergabe** eingesetzten **Bildschreibröhren** sind im Aufbau den Oszillographenröhren ähnlich, unterscheiden sich von diesen jedoch durch den wesentlich **größeren Bildschirm,** auf den das Zeilenraster geschrieben wird.

Abb. 112 zeigt eine ältere Bildschreibröhre mit etwa 350 mm Schirm-

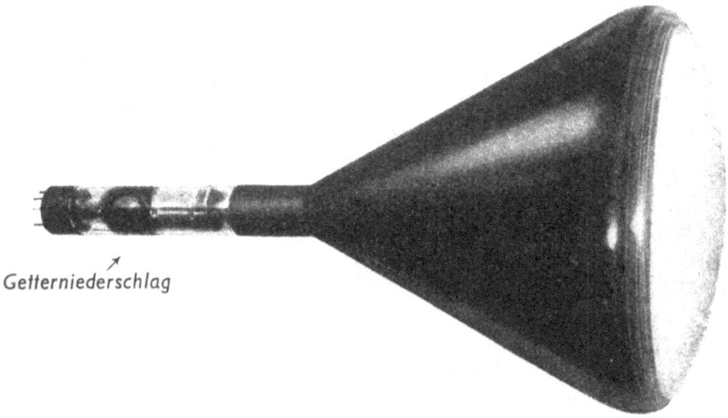

Abb. 112. Normale Fernsehbildschreibröhre älterer Bauart mit 350 mm Schirmdurchmesser (Telefunken)

durchmesser. Auch hier ist der Glaskolben innen mit dem leitenden Kohlebelag versehen. Das Strahlerzeugersystem dieser Röhre entspricht dem in Abb. 50 gezeigten. Der dunkle Fleck auf dem Röhrenhals am unteren Ende des Systems rührt von dem Niederschlag des **Getters** her. Die Röhre ist mit einem Sockel abgeschlossen, dessen Kontaktstifte in einem Kreis angeordnet sind. Die Anodenspannung wird über einen seitlichen Ansatz am konischen Teil der Röhre dem Kohlebelag zugeführt. Die zweite Anode erhält die Spannung über Kontaktfedern, die an dem Innenbelag anliegen. Die Betriebsspannung der Röhre liegt etwa bei 6000 Volt.

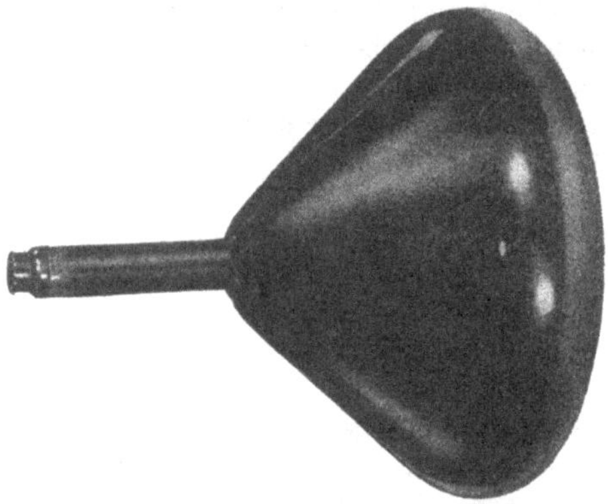

Abb. 113. Verkürzte Ausführung einer Bildschreibröhre mit großem Ablenkwinkel (Telefunken)

Die im Vergleich zu den Oszillographenröhren **höheren Spannungen** sind bei Fernsehröhren notwendig, damit bei der für die große **Bildhelligkeit** erforderlichen **Strahlstromstärke** eine hinreichende **Fleckschärfe** erzielt wird.

Die **Strahlablenkung** erfolgt bei der in Abb. 112 gezeigten Röhre durch **Magnetfelder** von **Spulen,** die über den Hals geschoben werden. Die magnetische Ablenkung ist bei den Fernsehröhren allgemein üblich, da bei **geeigneter Spulenform** die **Ablenkfehler** auch bei den notwendigen großen Strahlströmen verhältnismäßig klein gehalten werden können.

105. Die Röhre nach Abb. 112 hat eine beträchtliche **Länge,** die eine entsprechende Größe des Empfangsgerätes bedingt. In der neuzeitlichen Entwicklung ist die Baulänge der Röhre stark **verkürzt** worden, wie Abb. 113 zeigt. Auch diese Röhre ist für magnetische Bündelung und Ablenkung der Elektronenstrahlen eingerichtet. Der Ablenkwinkel muß infolge der

kürzeren Strahllänge bei gleicher Bildfläche entsprechend größer sein: diese Bedingung macht sehr fehlerfreie Ablenkfelder notwendig.

Ein weiterer Schritt in der Verkleinerung des Raumbedarfs der Röhre ist die **Anpassung** des **Leuchtschirmes** an das **rechteckige Bildformat** (Abb. 114). Die Herstellung solcher Kolben stellt eine beachtliche Leistung der Glastechnik dar. Wie Abb. 114 zeigt, ist es gelungen, die Bildschirmfläche nur sehr schwach gekrümmt auszuführen, so daß die tonnenförmigen Bildverzerrungen, die bei den stärker gewölbten Röhrenkolben nach Abb. 112 und 113 auftreten, vermieden werden. Die in Abb. 114 gezeigte Röhre mit rechteckigem Kolben liefert Bildgrößen von 20 mal 23 cm.

Abb. 114. Neuere Bildschreibröhre mit rechteckigem Röhrenkolben (Röhre des Fernseheinheitsempfängers E1)

106. Die bisher erwähnten Bildschreibröhren dienen nur zur **direkten Betrachtung** des auf den Leuchtschirm geschriebenen Bildes. Die nutzbare Bildfläche ist dabei durch die Kolbenabmessungen gegeben und kann deswegen nicht beliebig vergrößert werden. Große Röhren machen bei der Herstellung und Handhabung Schwierigkeiten und können wegen der Gefahr einer Zerstörung durch den äußeren Luftdruck (Implosionsgefahr) nicht mehr aus Glas hergestellt werden.

Die Erzeugung von **Fernsehgroßbildern** geschieht daher auf eine andere, in Abb. 115 gezeigte Art. Es handelt sich um ein in der Optik gebräuchliches **Projektionsverfahren.** Die Bildschreibröhre wird durch besonderen Bau und hohe Betriebsspannungen sehr leistungsfähig gemacht, d. h. auf dem Leuchtschirm entsteht ein **sehr helles Bild.** Dieses helle Leuchtschirmbild ist so lichtstark, daß es über ein geeignetes Projektionsobjektiv auf einer Bildwand mehrfach vergrößert abgebildet werden kann.

107. Die für dieses Verfahren entwickelte **Großbildprojektionsröhre** ist grundsätzlich wie eine normale Bildschreibröhre aufgebaut. In den Einzel-

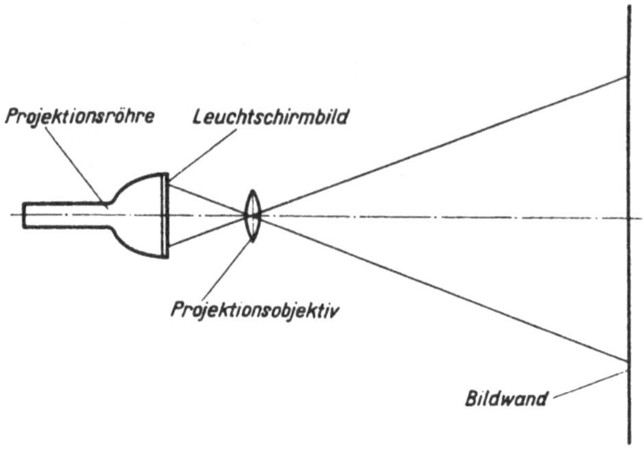

Abb. 115. Fernsehgroßbildprojektion

heiten zeigen sich jedoch Besonderheiten, die an Hand von Abb. 116 erläutert werden sollen. Dieses Bild zeigt einen Schnitt durch eine Großbildröhre.

Um die notwendigen hellen Bilder auf dem Leuchtschirm zu erzielen, muß der Strahlstrom, von dessen Stärke die Erregung des Schirmes ab-

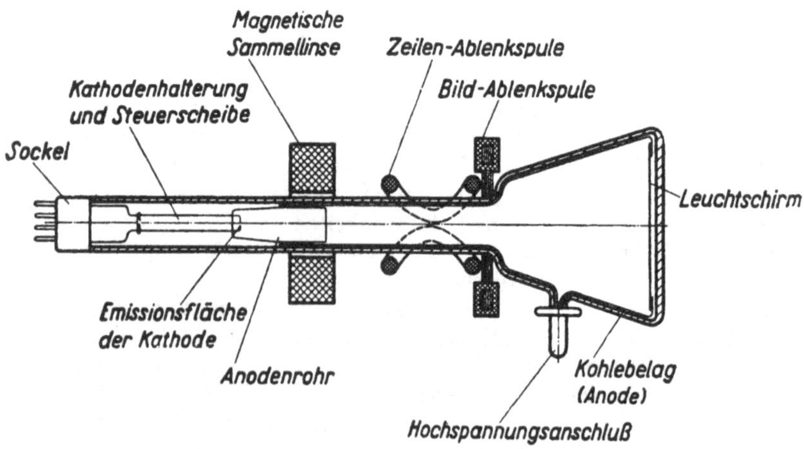

Abb. 116. Schema einer Großbildprojektionsröhre

hängt, hinreichend kräftig sein. **Große Strahlströme** bei genügender Schärfe des Leuchtfleckes lassen sich aber nur mit **hohen Betriebsspannungen** erreichen. Daher werden Großbildröhren mit Anodenspannungen von etwa 50 bis 80 Kilovolt betrieben. Bei dem Aufbau des Strahlerzeugersystems muß auf diese hohen Spannungen Rücksicht genommen werden.

Das in die Röhre nach Abb. 116 eingebaute Strahlerzeugersystem ist ein einfaches **Dreipolsystem** mit **magnetischer Hauptsammellinse,** das sich für derartige Röhren allgemein gut bewährt. Um kalte Spitzenentladungen, die an scharfen Ecken bei hohen Spannungen auftreten, zu vermeiden, sind die Anode und die Steuerscheibe an den Rändern gut ge-

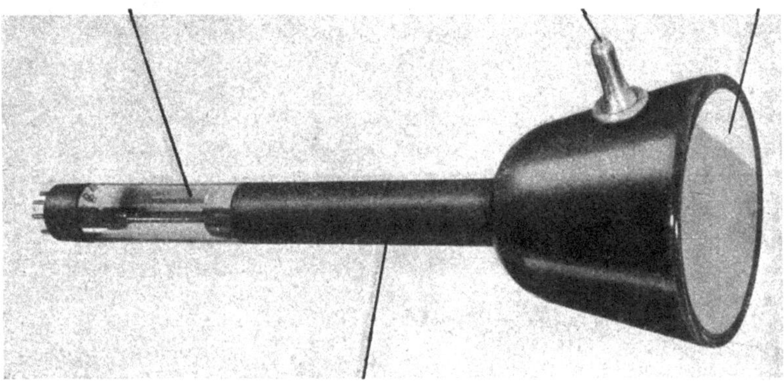

Abb. 117. Großbildröhre für 50 kV Betriebsspannung (Telefunken)

glättet und abgerundet. Weiterhin ist die Kathode von dem zylindrischen Ansatz der Steuerelektrode ganz umhüllt, um die Feldstärken an den Kathodenzuleitungen und im Quetschfuß klein zu halten.

Die Innenwand des Kolbens ist ebenfalls mit dem leitenden **Kohlebelag** versehen, der über den gut abgerundeten Metallkontakt an den Pluspol der Hochspannung angeschlossen wird. Der Leuchtschirm ist auf einer angeschmolzenen oder angekitteten **Planscheibe** aufgebracht, um eine einwandfreie optische Projektion des Bildes zu ermöglichen. Die Ablenkung der Elektronen erfolgt ebenfalls magnetisch. Für die **Konzentrationsspulen** sind solche nach Abb. 46, für die **Zeilenablenkung** die **geknickt elliptische Ablenkspule** nach Abb. 97 und für die **Bildablenkung** die **Spule mit Eisenjoch** nach Abb. 98 vorgesehen.

Die **technische Ausführung** einer Großbildröhre nach Abb. 116 zeigt Abb. 117. Diese Röhre arbeitet mit Spannungen von etwa 50 kV und

Strahlströmen in der Größenordnung von 1 mA. Der Leuchtschirm muß eine verhältnismäßig große Belastung aushalten. Wollte man die Helligkeit auf dem Schirm in der Aufbauart nach Abb. 117 noch weiter erhöhen, so würde die Erwärmung des Schirmes durch den Aufprall der schnellen Elektronen so hoch, daß hierdurch die Lichtausbeute erheblich absinkt, denn der Wirkungsgrad der Leuchtstoffe nimmt mit zunehmender Erwärmung ab.

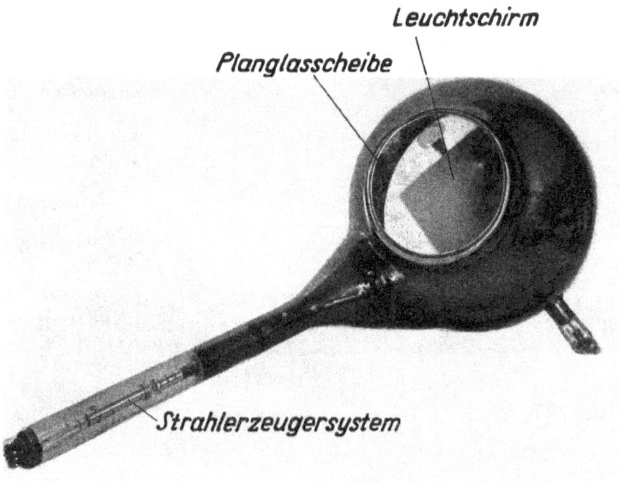

Abb. 118. Großbildröhre für Aufsichtsprojektion mit Leuchtschirm auf Metallunterlage (Fernseh GmbH)

108. **Großbildröhren** für **hohe Leistungen** werden daher nach einer anderen, in Abb. 118 gezeigten Art gebaut. Der Leuchtschirm ist in dieser Konstruktion auf eine **Metallplatte** aufgetragen, die eine gute und schnelle Ableitung der Wärme gewährleistet. Die Metallplatte verhindert ferner eine evtl. elektrische Aufladung, wenn die Sekundärelektronenemission zu gering ist (vgl. Ziff. 91).

Das Fernsehbild wird in diesem Fall nicht durch den Schirm hindurch von der rückwärtigen Seite, sondern von vorn in **„Aufsicht"** betrachtet bzw. projiziert. Das Elektronenstrahlbündel trifft dabei **schräg** auf den im Innern der Röhre aufgebauten Bildschirm. Die dadurch entstehende **Trapezverzerrung** des Zeilenrasters wird durch entsprechende M o d u l a t i o n der A m p l i t u d e der A b l e n k s t r ö m e elektrisch ausgeglichen.

Die Röhre ist vorn mit einem großen Planfenster abgeschlossen, durch das die Lichtstrahlen zur Projektion nach außen gelangen. Die in Abb. 118 gezeigte Röhre arbeitet mit Anodenspannungen bis zu 80 kV und ermöglicht verhältnismäßig lichtstarke Projektionsbilder von der Größe 3 × 4 m.

109. Auch auf der **Fernseh-Sendeseite** werden in neuerer Zeit fast ausschließlich Kathodenstrahlröhren verwendet. Im Laufe der Entwicklung entstanden hier verschiedene Verfahren, die im Rahmen dieses Buches nicht näher erklärt werden können.

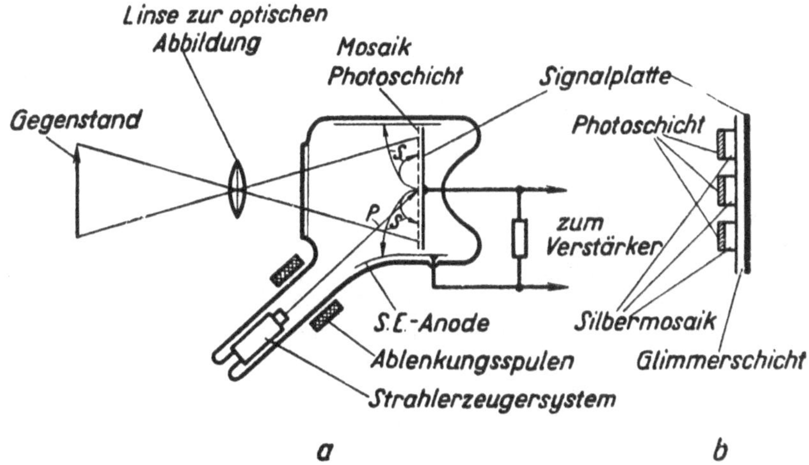

Abb. 119. Schema einer Fernsehbildgeberöhre (Ikonoskop)

Als Beispiel soll jedoch eine interessante und in der Technik sehr wichtige Ausführungsform gezeigt werden. Es handelt sich um eine **speichernde Bildgeberöhre** mit Mosaik-Photoschicht, das sogenannte **Ikonoskop.**

Den schematischen Schnitt durch ein solches Ikonoskop zeigt Abb. 119. Die Kolbenform der Röhre ist der für Aufsichtsprojektion nach Abb. 118 sehr ähnlich.

Das zu übertragende Bild wird über eine gebräuchliche Glasoptik auf den **photoelektrisch wirksamen Bildschirm** abgebildet.

Die Einzelheiten des Aufbaus zeigt der vergrößerte Ausschnitt Abb. 119b. Der Schirm besteht aus einer dünnen **Isolierschicht** (Glimmerplatte), deren Rückseite mit einem **leitenden Belag** (Signalplatte) überzogen ist und auf deren Vorderseite eine große Zahl gegeneinander isolierter Metallelemente mit photoelektrisch wirksamer Oberfläche aufgebracht ist **(Photomosaik).** Jede einzelne kleine Photokathode bildet mit der Signalplatte einen kleinen **Kondensator.**

Das von der Glasoptik auf diese Mosaikplatte entworfene Lichtbild ruft durch die photoelektrische Wirkung der einzelnen Mosaikteilchen ein entsprechendes elektrisches **Ladungsbild** hervor. Die kleinen Kondensatoren laden sich entsprechend der Intensität der Lichteinwirkung auf, **speichern** also die auffallende Lichtintensität in Form einer elektrischen Ladung auf. Das elektrische Ladungsbild wird nun von dem schräg von unten auftreffenden **Elektronenstrahlbündel** in der üblichen Art der Fernsehtechnik zeilenweise **„abgetastet“.** Dabei werden die photoelektrisch durch Lichteinwirkung aufgeladenen Teile des Bildschirmes **entladen** und rufen so an dem im Bildsignalkreis eingeschalteten Signalwiderstand entsprechende **Spannungsimpulse** hervor, die zur weiteren Verstärkung einem Breitbandverstärker zugeleitet werden. Der für die Steuerung des Verstärkers wirksame Stromkreis wird von den Sekundärelektronen (*S*) gebildet, die an den Mosaikteilchen durch die primär auftreffenden Elektronen (*P*) ausgelöst werden und die dann zu dem als Anode wirkenden leitenden Innenbelag der Röhre hinfliegen (Sekundäremissionsanode).

Strahlerzeugersystem und **Ablenkorgan** für den Abtaststrahl sind in der üblichen Art aufgebaut. Der zur Entladung der Kondensatoren notwendige **Strahlstrom** ist sehr klein (Bruchteile eines Mikroamperes), die Betriebsspannung der Röhre beträgt etwa 1000 Volt. Die durch das schräge Auftreffen des abtastenden Elektronenstrahlbündels bedingte **Trapezverzerrung des Rasters** auf dem Bildschirm wird durch entsprechende Steuerung der Ablenkströme **entzerrt.** Man erreicht dies dadurch, daß der Zeilenablenkausschlag in den oberen Teilen des Bildschirmes durch eine automatische Steuerung kleiner wird als in den unteren.

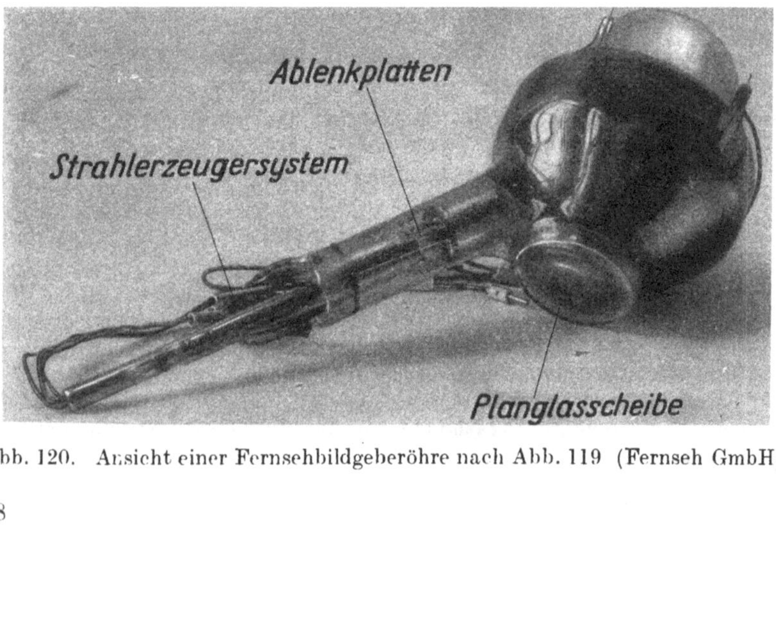

Abb. 120. Ansicht einer Fernsehbildgeberöhre nach Abb. 119 (Fernseh GmbH)

Abb. 120. zeigt die **technische Ausführung** eines solchen Ikonoskops. Links in dem schräg angesetzten Röhrenhals erkennt man das Strahlerzeugersystem und daneben das Planfenster für die optische Abbildung

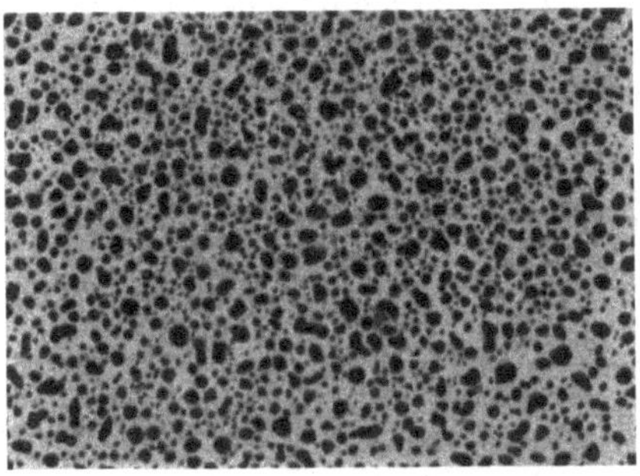

Abb. 121. Mikrophoto der Mosaikschicht einer Fernsehbildgeberöhre nach Abb. 119 (Telefunken)

auf dem Bildschirm. Die Ablenkung des Elektronenstrahlbündels erfolgt in dieser Röhre elektrisch in der üblichen Art mit zwei Paar Ablenkplatten.

Die Mikrophotographie Abb. 121 zeigt ein stark vergrößertes Bild des **Mosaikschirms** eines Ikonoskops. Die Größe der gegeneinander isolierten Silberteilchen beträgt etwa einige tausendstel Millimeter.

Überblick

In der **Fernsehtechnik** werden die Kathodenstrahlröhren für die **Bildwiedergabe** und **Bildaufnahme** eingesetzt.

Die Bildschreibröhren für **direkte Betrachtung** des Bildes haben eine **große Leuchtschirmfläche** und arbeiten mit **höheren Anodenspannungen** als die gewöhnlichen Oszillographenröhren.

Im Laufe der Entwicklung wurde die **Baulänge** erheblich **verkürzt** und der Röhrenkolben dem **rechteckigen Bildformat angepaßt.**

In Fernsehbildröhren werden die Elektronen meist **magnetisch abgelenkt,** die Bündelung kann **elektrisch** oder **magnetisch** erfolgen.

Zur Erzeugung von **Fernsehgroßbildern** wird das helle **Leuchtschirmbild** von besonders leistungsfähigen Röhren mit einer **Lichtoptik** auf eine **Bildwand** geworfen.

Großbildprojektionsröhren arbeiten mit hohen Anodenspannungen bis zu 80 kV.

Für besonders **große Leistungen** (große Bildhelligkeit) wird der Leuchtschirm zur besseren Ableitung der schädlichen Erwärmung auf eine **Metallplatte** aufgebracht **(Aufsichtsprojektion).**

Kathodenstrahlröhren werden auch zur **Fernsehbildsendung** verwendet. Das **Ikonoskop** enthält einen **photoelektrisch wirksamen Bildschirm,** der aus vielen kleinen, voneinander isolierten Kondensatoren besteht und der von einem Elektronenstrahlbündel zeilenförmig **abgetastet** wird.

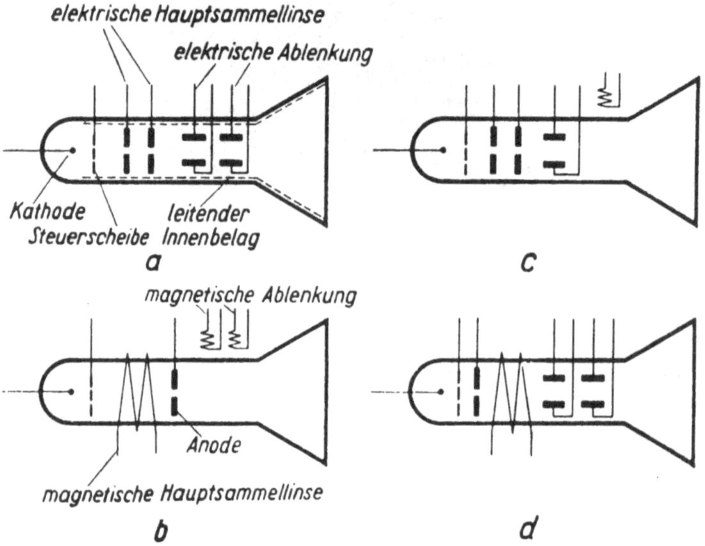

Abb. 122. DIN-Normenzeichen für Kathodenstrahlröhren

110. Für die **Darstellung** von **Kathodenstrahlröhren** in Schaltzeichnungen sind **DIN-Normen** festgesetzt worden. Die Abb. 122 zeigt in vier Beispielen verschiedene Zusammenstellungen je nach Art der Bündelung und Ablenkung der Elektronen.

Das Beispiel *a* stellt die übliche Art der Oszillographenröhren dar mit elektrischer Hauptsammellinse und doppelt elektrischer Ablenkung. Darunter (*b*) ist die bei Fernsehröhren oft verwendete Anordnung mit magnetischer Hauptsammellinse und doppelt magnetischer Ablenkung gezeigt. Im Beispiel *c* ist die Ablenkung elektrisch in der einen und magnetisch in der anderen Richtung, und im Beispiel *d* ist die Elektronenbündelung magnetisch, die Ablenkung elektrisch.

V. Betriebsgeräte für Kathodenstrahlröhren

111. Für das Inbetriebsetzen und das Arbeiten mit Kathodenstrahlröhren sind eine Reihe von Hilfsgeräten erforderlich, die im folgenden kurz behandelt werden. Da das einwandfreie Arbeiten der Röhren von der richtigen Anwendung und sinnvollen Einstellung dieser Betriebsgeräte entscheidend abhängt, ist eine etwas eingehendere Kenntnis ihrer Arbeitsweise erforderlich.

Für diesen Überblick ist nicht zu vermeiden, daß zum Verständnis der Einzelheiten bestimmte Vorkenntnisse der Elektrotechnik, insbesondere der Funktechnik, vorausgesetzt werden.

1. Geräte zur Erzeugung der Hochspannung für das Strahlerzeugersystem

112. Die Beschleunigung und Bündelung der Elektronen im Kathodenstrahlröhren erfordern verhältnismäßig **hohe Gleichspannungen** an den Elektroden im Strahlerzeugersystem. Sie betragen bei Oszillographenröhren etwa 500–2000 Volt, bei Fernsehröhren bis zu 80000 Volt. Die Strahlströme sind allerdings klein, in den gebräuchlichen Oszillographenröhren von der Größenordnung 10 Mikroampere, in Fernsehröhren etwa bis zu einem Milliampere. Die **Leistungsabgabe** der zur Erzeugung der Hochspannung eingesetzten Geräte ist also gering.

Die **Hochspannungsnetzgeräte** haben die Aufgabe, die zur Verfügung stehende **Wechselspannung** des Netzes in **hohe Gleichspannungen** zu verwandeln.

Vielfach werden Schaltungen mit **Einweggleichrichtung** verwendet, deren grundsätzliche Anordnung Abb. 123 zeigt. Mit einem **Transformator** (Umspanner) wird die Spannung des Lichtnetzes zunächst als Wechselspannung auf den gewünschten hohen Wert gebracht, dann erfolgt die Gleichrichtung. Für die Gleichrichtung verwendet man **Zweipolröhren** mit **Glühkathode.** Die sekundäre Wechselspannung liegt mit einem Kondensator großer Kapazität und der Gleichrichterröhre in Reihe. Da der Elektronenstrom in der Gleichrichterröhre nur in **einer** Richtung (Anode positiv gegen Kathode) durchgelassen wird, so fließt in dem Kreis nur ein Strom, wenn die Anode die positive Spannung erhält. In umgekehrter Richtung sperrt die Röhre den Strom (Einweggleichrichtung).

Es ergibt sich so ein **pulsierender Gleichstrom,** d. h. der Gleichstrom besteht aus einzelnen in derselben Richtung laufenden Stromstößen. Der Kondensator wird nun stoßweise aufgeladen bis zum Spitzenwert der vom Transformator gelieferten sekundären Wechselspannung, falls kein Verbraucher an den Kondensator angeschlossen ist.

Wird jedoch die an dem Kondensator liegende Spannung belastet, so stellt sich je nach der Belastungsstärke eine mittlere Gleichspannung ein. Infolge der Speicherwirkung des Kondensators für elektrische Ladungen werden dabei die einzelnen Ladestromstöße ausgeglichen, so daß die

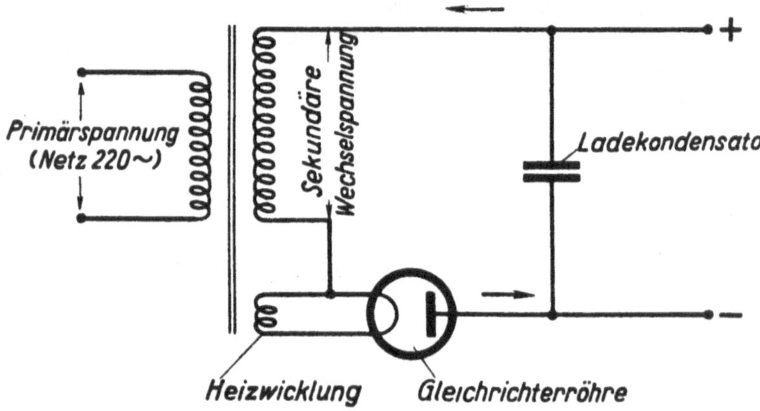

Abb. 123. Schema eines Hochspannungsgerätes mit Transformator und Einweggleichrichtung

Spannung am Kondensator den einzelnen Ladestößen nicht sprungweise folgt, sondern es stellt sich ein **Mittelwert** mit geringer „Welligkeit" ein.

113. Die technische Ausführung einer **Hochspannungsgleichrichterröhre** zeigt Abb. 124. Sie ist zur Erzeugung von Gleichspannungen bis 5 kV geeignet. Die Zuleitung zur Anode ist oben an dem Glaskolben herausgeführt, denn die bei normalen Rundfunkgleichrichterröhren übliche Zuleitung durch den Sockel ist bei hohen Spannungen unzweckmäßig, da sehr leicht Überschläge eintreten können. Die Röhre enthält eine normale indirekte geheizte Glühkathode, die von einer zylindrischen Anode umgeben wird.

114. Der **Hochspannungstransformator** muß mit Rücksicht auf die Überschlagsgefahr der hohen Spannungen sehr gut **isoliert** ausgeführt sein. Vor allem sind die Wicklungen gegeneinander und der Anfang gegen das Ende

der Hochspannungswicklung gut zu isolieren. Man erreicht dies durch Verwendung geeigneter **Isolierstoffe,** durch genügenden **Abstand** der spannungführenden Teile voneinander und durch Einbau des ganzen Transformators in Paraffin oder eine andere isolierende Vergußmasse.

115. Abb. 125 zeigt das vollständige **Schaltbild** eines **Hochspannungsnetzanschlußgerätes** mit Einweggleichrichtung. An den Ladekondensator sind **Siebglieder** zur Verringerung der evtl. noch vorhandenen Welligkeit der Gleichspannung sowie ein **Spannungsteiler** zum Abgriff der vom Strahlerzeugersystem benötigten Teilspannungen geschaltet.

Die **Siebung** wird in bekannter Weise mit der Widerstandskondensatorschaltung $R—C_2—R$ erreicht.

Der **Spannungsteiler** ist für den Betrieb einer Vierpolröhre eingerichtet. Das Potentiometer P_1 dient zur Einstellung der **Linsenspannung (Schärfe)** und P_2 zur Einstellung der negativen **Vorspannung** der **Steuerscheibe (Helligkeit** des Leuchtfleckes). Die Kathode wird an dem Punkt zwischen den beiden Regelpotentiometern angeschlossen.

Abb. 124. Ansicht einer Hochspannungsgleichrichterröhre (Telefunken)

Zur **Heizung** der indirekt geheizten Glühkathode ist noch eine besondere Wicklung auf dem Transformator vorgesehen, die zweckmäßig über ein

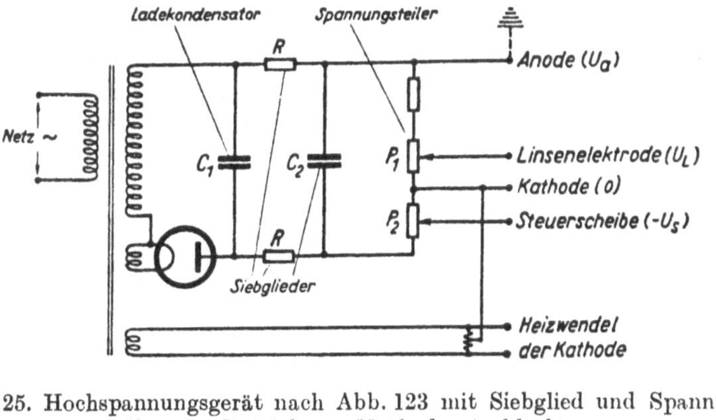

Abb. 125. Hochspannungsgerät nach Abb. 123 mit Siebglied und Spannungsteiler zum Betrieb von Kathodenstrahlröhren

Potentiometer symmetrisch mit der Kathode verbunden wird, um Störungen durch den Heizwechselstrom zu vermeiden (Entbrummer).

Bei Braunschen Röhren mit **elektrischer** Strahlablenkung wird meist die **Anode geerdet,** da die Ablenkplatten einseitig oder symmetrisch über die Meßspannung meist auch mit der Erde verbunden sind. Eine Spannungsdifferenz zwischen Anode und Ablenkplatten darf nicht auftreten. Bei Röhren mit **magnetischer** Ablenkung (Fernsehröhren) ist dies nicht erforderlich, so daß man dort der einfacheren Schaltung wegen die **Kathode erdet** und die Anode auf hohe Spannungen gegen Erde legt.

Zum Betrieb von Fünfpolröhren enthält der Spannungsteiler noch einen **Abgriff** für das **Schirmgitter.**

Bei Röhren mit **magnetischer Bündelung** der Elektronenstrahlen fällt das Potentiometer für die Linsenelektrode weg.

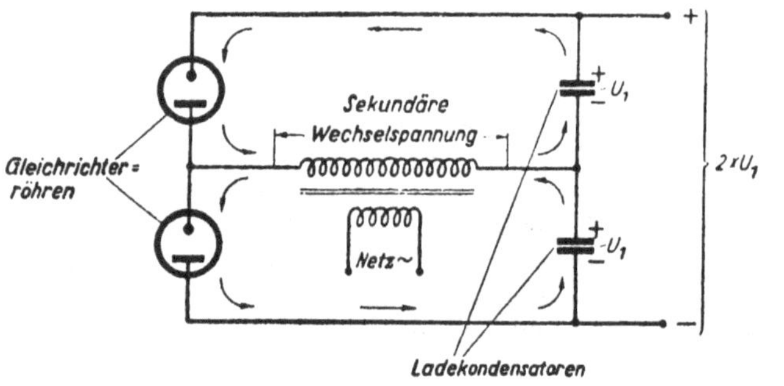

Abb. 126. Schaltung zur Spannungsverdopplung

116. Zur Erzeugung **höherer** Gleichspannungen, z. B. für Fernsehröhren, verwendet man oft Schaltungen mit **Spannungsverdoppelung** nach Abb.126. Es handelt sich hierbei grundsätzlich um zwei hintereinander geschaltete Einweggleichrichteranordnungen.

In dem oberen Stromkreis kommt nur dann eine Aufladung des Kondensators zustande, wenn das **linke** Ende der Sekundärwicklung des Transformators **positiv** gegen das **rechte** ist, denn nur dann ist die Anode der oberen Gleichrichterröhre positiv, so daß ein Elektronenstrom fließen kann. Der Ladekondensator lädt sich auf die Gleichspannung U_1 auf. In dem unteren Stromzweig ist es gerade umgekehrt, d. h. die Aufladung des unteren Kondensators ist nur dann möglich, wenn das **rechte** Ende der Wicklung **positiv** gegen das **linke** ist.

In der Schaltung nach Abb. 126 werden also

1. **beide** Halbwellen der Wechselspannung ausgenutzt, und
2. man erhält durch die **Hintereinanderschaltung** der beiden Ladekondensatoren die **doppelte** Gleichspannung: $2 \times U_1$.

Man erreicht also mit kleiner Transformatorspannung doppelt so hohe Spannungswerte.

Das Prinzip der Spannungsverdopplung ist für Spezialzwecke noch weiter ausgebaut worden, z. B. bis zur Spannungsversechsfachung.

Steht die Wechselspannung des Lichtnetzes nicht zur Verfügung (z. B. bei Netzgleichstrom), so muß man den Gleichstrom entweder durch **Umformer** oder durch **Zerhacker** nach Art des Induktionsapparates in Wechselstrom umwandeln.

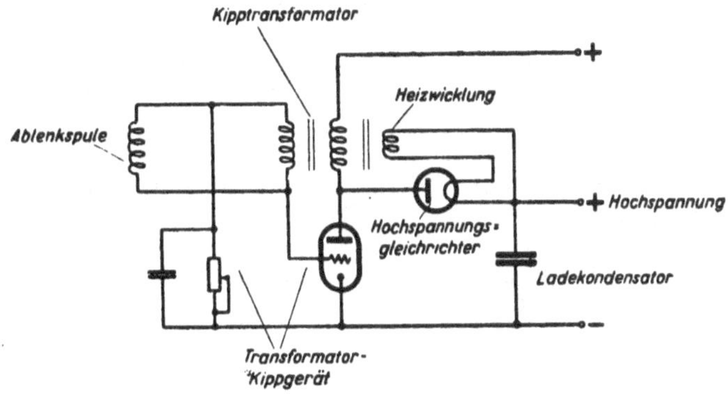

Abb. 127. Hochspannungserzeugung in dem Zeilenkippgerät für magnetische Ablenkung von Fernsehröhren

117. Zur Erzeugung der Hochspannung verwendet man häufig auch **Röhrengeneratoren.**

Eine interessante Schaltung dieser Art zeigt Abb. 127, bei der in der **Zeilenkippstufe** (siehe Ziff. 141) eines Fernsehgerätes die Hochspannung erzeugt wird. Bei der magnetischen Strahlablenkung entstehen nämlich in der **Rücklaufzeit** durch das schnelle Zurückspringen des Stromes in der Zeilenspule **hohe Induktionsspannungen,** die ein Vielfaches der Betriebsgleichspannung des Kippgerätes betragen können. In den besonders einfachen Schaltungen der „Transformatorkippgeräte" ist eine Röhre über einen geeigneten Kipptransformator stark rückgekoppelt. Die im Rücklauf an den Transformatorwicklungen entstehenden hohen Spannungsspitzen werden über eine Hochspannungsgleichrichterröhre gleichgerichtet und können in der oben beschriebenen Weise den Ladekondensator aufladen. Die Heizung der Gleichrichterröhre geschieht über eine getrennte isolierte Wicklung auf dem Kipptransformator.

Abgesehen von der großen **Einfachheit** dieser Art der Hochspannungserzeugung ist das Verfahren insofern vorteilhaft, als nur bei **Inbetriebnahme** des Kippgerätes, d. h. nur bei Ablenkung des Elektronenstrahlbündels, Hochspannung erzeugt wird, so daß ein **Einbrennen** des nicht abgelenkten Leuchtflecks in den Bildschirm vermieden bleibt.

Überblick

Zur Erzeugung der hohen **Gleichspannungen** für den Betrieb des Strahlerzeugersystems verwendet man meist Schaltungen mit **Einweggleichrichtung.**

Die Gleichrichterröhre und der Transformator müssen **spannungsfest** aufgebaut sein, um Überschläge der Hochspannung zu vermeiden.

Außer **Transformator, Gleichrichter** und **Ladekondensator** enthalten die Geräte noch **Siebglieder** zur Glättung evtl. vorhandener Wechselspannungsreste und **Spannungsteiler** für den Abgriff der im Strahlerzeugersystem benötigten Teilspannungen.

Höhere Spannungen werden bevorzugt in Schaltungen mit **Spannungsverdoppelung** erzeugt.

In Fernsehgeräten kann man die bei **magnetischer** Strahlablenkung während des Rücklaufs in den **Spulen** bzw. **Kipptransformatoren** induzierten **Spannungsspitzen** zur Hochspannungserzeugung ausnutzen.

2. Geräte zur Erzeugung der elektrischen Zeitablenkung

a) Sinusförmige Zeitablenkung

118. Für einfache oszillographische Untersuchungen kann die **Zeitablenkung** des Leuchtflecks auf dem Bildschirm durch eine **sinusförmige** Spannung hergestellt werden. Die Erzeugung solcher Ablenkspannungen bereitet technisch keine Schwierigkeiten. Man kann z. B. die **Netzwechselspannung** verwenden oder die Wechselspannung einem kleinen **Röhren-** oder **Schwebungssummer** entnehmen.

Die sinusförmige Ablenkung hat jedoch den Nachteil, daß die **Ablenkgeschwindigkeit** längs der entstehenden Zeitachse sehr **verschieden** ist, so daß die Meßvorgänge an den Enden der Zeitachse zusammengedrängt erscheinen und dadurch zeitlich nur schwer sauber zu trennen sind. So zeigt Abb. 128 diese Drängung deutlich in einem Oszillogramm von Impulsen, das mit einer sinusförmigen Zeitablenkung geschrieben wurde. Man hat denselben Eindruck, wenn man von der Seite auf ein Rad mit auf dem Umfang aufgesteckten Stäben sieht.

Weiterhin ist es sehr nachteilig, daß durch die sinusförmig hin- und hergehende Bewegung des Leuchtflecks **zwei Kurvenbilder übereinander liegen** und schwer voneinander zu trennen sind. Auch das erkennt man in Abb. 128; es sind hier zwei Impulsreihen dargestellt, die sich so ungünstig

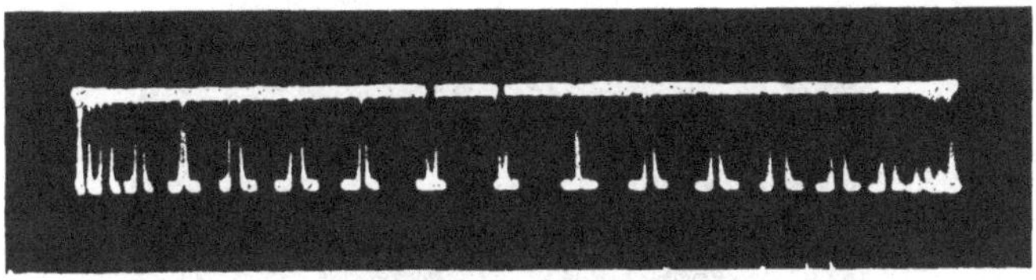

Abb. 128. Ungleichmäßige und unübersichtliche Zeitablenkung bei sinusförmiger Ablenkspannung

überdecken, daß man den wahren zeitlichen Verlauf und den Impulsabstand nicht klar erkennen kann.

119. Eine günstigere Anordnung erhält man, wenn die sinusförmige Zeitablenkung nur in **einer** Richtung (z. B. von links nach rechts) schreibt. Dazu kann man die eine Hälfte der Sinuskurve zum Schreiben der Zeitachse benutzen. Es darf also (etwa nach Abb. 132) jeweils nur der ansteigende Kurvenzug von dem unteren Umkehrpunkt U_1 bis zu dem oberen U_2 bzw. von U_3 bis U_4 und so fort auf dem Schirm erscheinen. Selbstverständlich kann auch umgekehrt jeweils nur der absteigende Teil der Kurve benutzt werden.

Man erreicht dies dadurch, daß mit einer geeigneten Einrichtung durch eine Vorspannung an der Steuerscheibe der **Strahlstrom** in den nicht zur

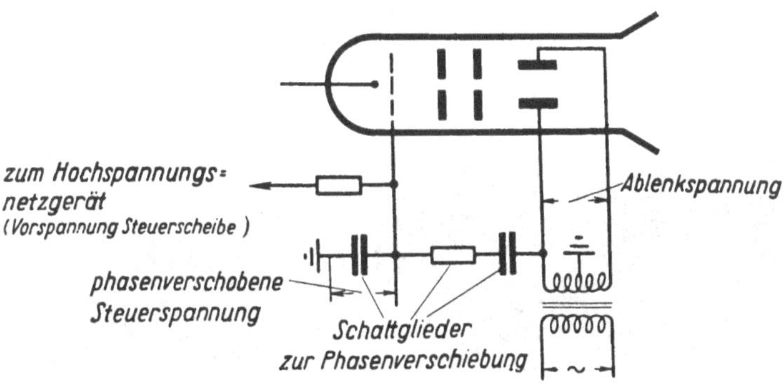

Abb. 129. Schaltung zur Unterdrückung des Strahlstroms in den nicht geeigneten Teilen der Sinusablenkspannung

Zeitablenkung geeigneten Zwischenzeiten (also von U_2 bis U_3, U_4 bis U_5 usw.) **unterdrückt** wird. Eine solche **Dunkelsteuerung** kann man z. B. mit der Schaltung Abb. 129 vornehmen. Von der Ablenkspannung wird über

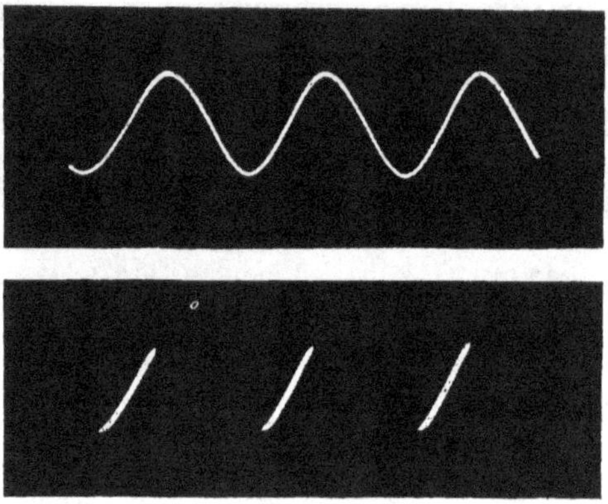

a

b

Abb. 130. Oszillogramm der sinusförmigen Ablenkspannung ohne (a) und mit (b) Unterdrückung des Strahlstroms während der zweiten Halbwelle

die Reihenschaltung der Kondensatoren mit dem Widerstand eine p h a s e n - v e r s c h o b e n e Steuerspannung abgeleitet, die in den a u s z u t a s t e n d e n Zeitabschnitten die Steuerscheibe stark negativ macht. Nur in der Nähe der Nulldurchgänge der Ablenkspannung in a n s t e i g e n d e r R i c h t u n g wird die Braunsche Röhre mit den positiven Spitzenwerten der phasenverschobenen Steuerspannung **„hell getastet“.** Die Wirkungsweise der Schaltung nach Abb. 129 veranschaulicht Abb. 130. Dort ist oben (a) die normale Sinusspannung (über einer linearen Zeitachse) oszillographiert. In dem unteren Oszillogramm (b) ist die Dunkelsteuerung in Betrieb ge-

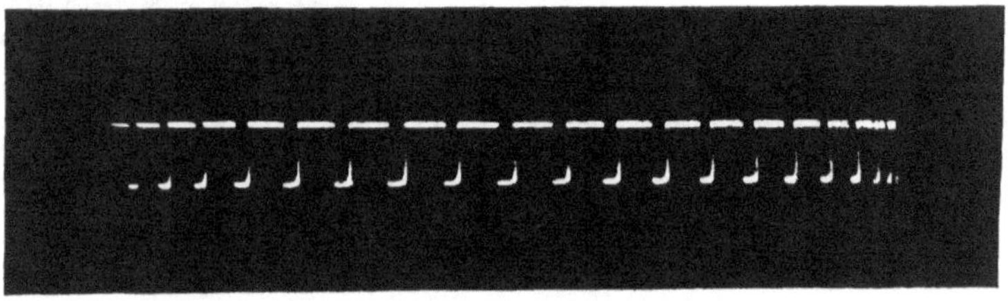

Abb. 131. Oszillogramm von Impulsen mit sinusförmiger Zeitablenkung und Unterdrückung der zweiten Halbwelle

setzt worden, und man erkennt, wie jetzt nur während der ansteigenden Teile der sinusförmigen Ablenkspannung der Strahlstrom den Schirm trifft.

Die Kurvenbilder werden bei Anwendung einer solchen Dunkelsteuerung erheblich übersichtlicher, wie Abb. 131 im Vergleich zu Abb. 128 zeigt. Als Nachteil bleibt allerdings noch die **Drängung** der Kurven an den Enden der nicht zeitproportionalen Zeitachse.

120. Man kann die **„Linearität"** der Zeitablenkung erheblich verbessern, wenn man sich nur auf den **mittleren Abschnitt** dieses Teiles der Sinuskurve beschränkt, denn der Spannungsverlauf in der Nähe der Nulldurchgänge ist ja verhältnismäßig gerade, d. h. zeitproportional. Die Einschrän-

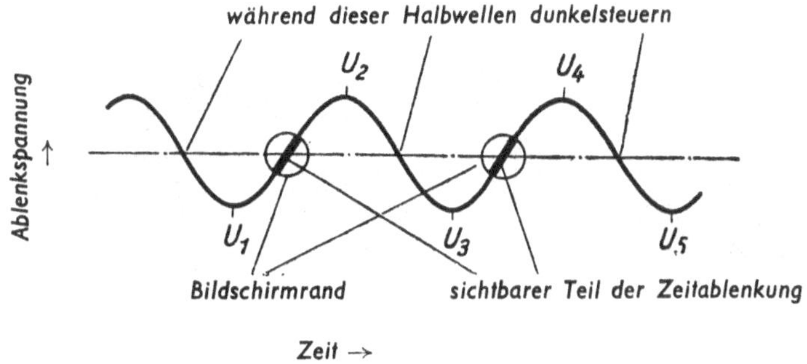

Abb. 132. Verwendung von Sinusspannungen zur angenähert linearen Zeitablenkung durch Beschränkung auf den mittleren Teil des Spannungsanstieges

kung des sichtbaren Teiles der Zeitachse auf den mittleren linearen Teil der Sinuskurve kann dadurch erreicht werden, daß die **Ablenkspannung sehr groß** gewählt wird. Die Ausschläge des abgelenkten Elektronenstrahlbündels gehen dann weit über den Bildschirmrand hinaus, und auf dem Bildschirm selbst wird nur der in Abb. 132 innerhalb der kreisförmig angedeuteten Fläche liegende, fast linear verlaufende Teil sichtbar. Die Umkehrpunkte der Sinusspannung, an denen durch die verringerte Geschwindigkeit der Spannungszu- bzw. -abnahme die unerwünschte Drängung der aufgeschriebenen Kurven auftritt, kommen also nicht mehr auf den Bildschirm.

Abb. 133 zeigt ein Oszillogramm von Impulsen mit einer solchen auf den linearen Teil der Sinuskurve beschränkten Zeitablenkung. Die gleichmäßigen Abstände der einzelnen Impulszüge lassen die gute Zeitlinearität dieses Verfahrens erkennen.

121. Bei dieser Art der stückweise aus der Sinuskurve ausgeblendeten Zeitablenkung ergeben sich allerdings verschiedene **Nachteile**; vor allem ist die Darstellung eines laufenden zusammenhängenden Meßvorgangs nicht möglich, da ja durch die über den Schirmrand weit hinaus geschriebene Ablenkung und durch die Dunkelsteuerung der größte Teil des Kurvenzuges unsichtbar bleibt. Auch wird die Kathodenstrahlröhre schlecht ausgenutzt, da der Strahlstrom nur in kleinen Zeitzwischenräumen fließt und die Kurvenbilder daher auf dem Leuchtschirm verhältnismäßig dunkel erscheinen.

Aus diesem Grunde wird dieses Verfahren der elektrischen Zeitablenkung für Kathodenstrahlröhren nur bei besonderen Untersuchungen angewendet, z. B. wenn absichtlich aus einem größeren Kurvenzug nur immer **ein bestimmter Teil** auf dem Bildschirm dargestellt werden soll.

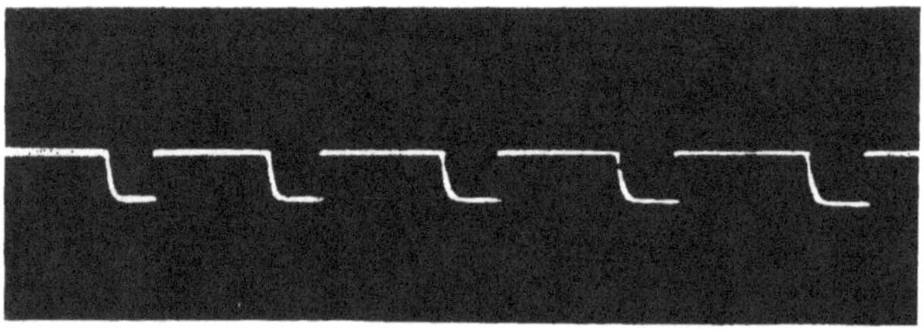

Abb. 133. Oszillogramm von Impulsen mit einer Zeitablenkung nach Abb. 132

b) Grundsätzliches zur Erzeugung von sägezahnförmigen Spannungen

122. Am häufigsten werden in der Oszillographentechnik zur Zeitablenkung **sägezahnförmige** Spannungen bzw. bei magnetischer Ablenkung entsprechende Ströme benutzt.

Grundsätzlich beruhen fast alle Schaltungen zur Erzeugung von Sägezahnspannungen auf dem **Auf-** und **Entladevorgang** eines **Kondensators** über einen Ohmschen Widerstand oder eine Laderöhre. Legt man, wie Abb. 134 zeigt, die Batteriespannung über den Widerstand R an den Kondensator C, so beginnt nach dem Schließen des Stromkreises sofort die Aufladung des Kondensators, die infolge des Hochohmwiderstandes mit einer bestimmten Geschwindigkeit fortschreitet, bis C auf die volle Batteriespannung aufgeladen ist. Dann ist in dem Stromkreis wieder Ruhe.

Der zeitliche Anstieg der Kondensatorspannung während der Aufladung geht nach der sogenannten „Exponentialkurve" vor sich; sie ist in Abb. 135 dargestellt. Der Spannungsanstieg ist zuerst fast linear und steil und wird dann zunehmend flacher, bis die Kondensatorspannung dem Wert der Batteriespannung immer langsamer näherkommt. Die **Geschwindigkeit** der **Kondensatoraufladung** ist von dem Wert der sogenannten **Zeitkonstante** abhängig, die aus dem Produkt von C und R gebildet wird. Man hat es damit in der Hand, die Geschwindigkeit des Ladevorgangs durch entsprechende Regelung von R und C in weiten Grenzen zu ändern.

123. **Sägezahnförmige Spannungsläufe** erhält man nun, wenn der Ladevorgang in bestimmten Zeitzwischenräumen **regelmäßig unterbrochen** wird, z. B. durch Kurzschluß des Kondensators mit dem Schalter S. Die Spannung bricht durch den Kurzschluß zusammen, der Ladevorgang beginnt dann nach jedem Öffnen von S von neuem. In Abb. 135 ist ein durch periodisches kurzes Betätigen des Schalters S erzeugter **sägezahnförmiger** Spannungsverlauf mit eingezeichnet. An den zum Kondensator parallel liegenden Klemmen 1 und 2 (Abb. 134) wird die Ablenkspannung für die Ablenkplatten der Röhre abgenommen.

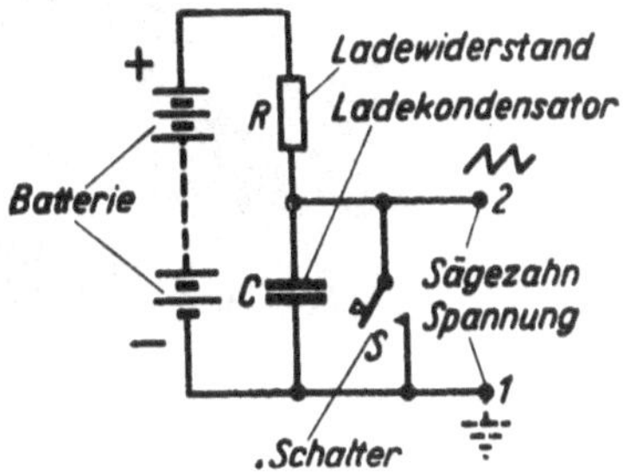

Abb. 134.
Prinzip der Kippschaltung mit Kondensator-Auf- und -Entladung

124. Die Aufladung des Kondensators über einen Ohmschen Widerstand ist, wie Abb. 135 zeigt, nur in dem Anfangsteil **zeitlinear,** so daß auch nur

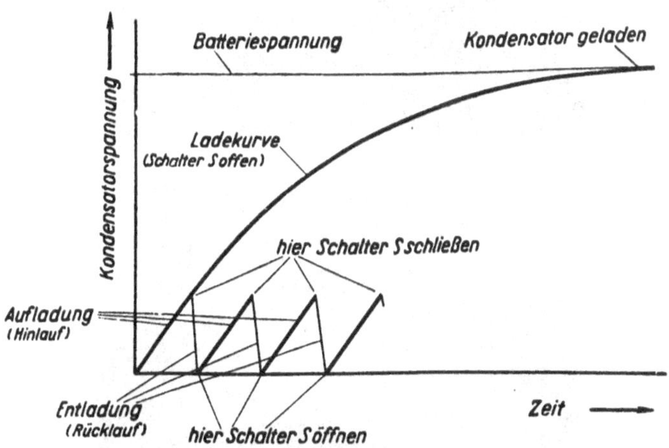

Abb. 135. Spannungsverlauf bei der Aufladung eines Kondensators über einen Widerstand. Zustandekommen der Sägezahnspannung durch periodische Auf- und Entladung

dieses Gebiet zur Erzeugung gut zeitproportionaler Ablenkspannungen in Frage kommt: d. h. man darf nur einen kleinen Teil der Batteriespannung

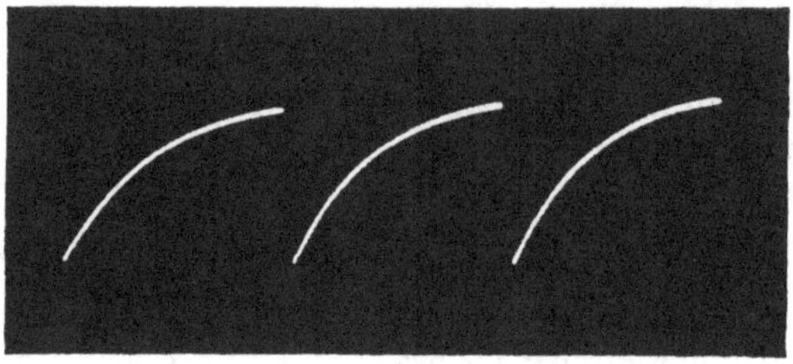

Abb. 136. Verzerrte (nichtlineare) Sägezahnspannung

ausnutzen. Um die zur Ablenkung in normalen Kathodenstrahlröhren ausreichenden Werte zu erreichen, muß man also entweder die **Batteriespannung** entsprechend **hoch** wählen oder aber eine **Nachverstärkung** der kleinen Sägezahnspannung vorsehen.

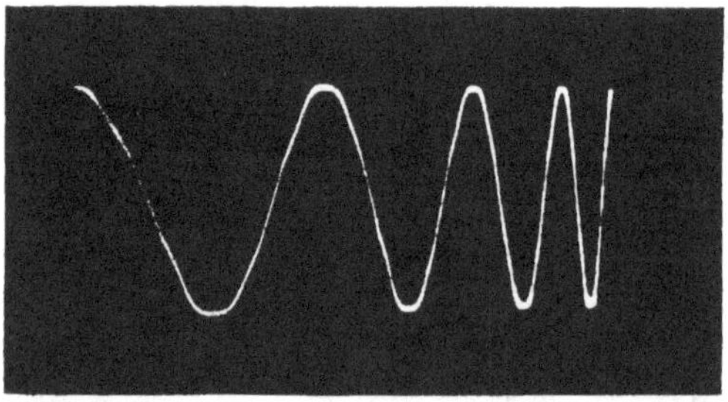

a

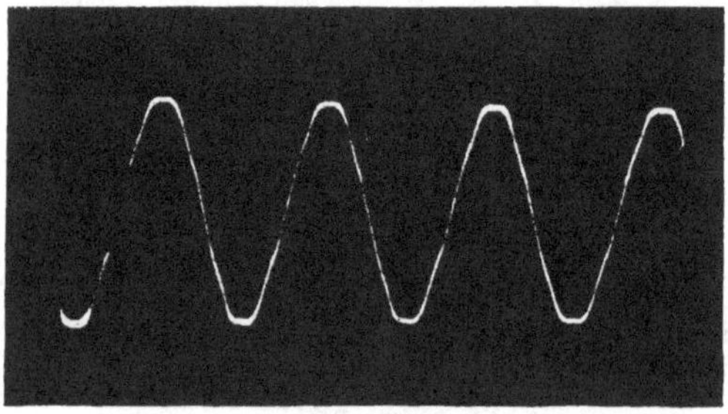

b

Abb. 137. Oszillogramm einer Sinusschwingung bei verzerrter (a) und unverzerrter (b) Zeitablenkung

Nutzt man einen zu großen Teil der exponentiellen Ladekurve aus, so entstehen statt der geraden Kurvenform nach Abb. 79 und 80 gekrümmte, der Ladekurve entsprechende Ablenkspannungen nach Abb. 136. Solche Kurvenformen sind zur Zeitablenkung ungeeignet, da sie eine **Drängung** der geschriebenen Kurven nach einer Seite hin verursachen, im Beispiel Abb. 137 oben nach der rechten. In Abb. 137 unten ist zum Vergleich das Oszillogramm derselben Spannung (50 Hz Netzwechselspannung) mit einer guten linearen Zeitablenkung gezeigt.

125. Die Linearität der gesamten Kondensatoraufladung läßt sich erheblich verbessern, wenn statt des Ladewiderstandes R eine **Elektronenröhre** verwendet wird, deren Stromspannungskennlinie einen **Sättigungsverlauf** hat. Dies ist z. B. bekanntlich bei den Fünfpolröhren der Fall, deren Anodenstrom in einem weiten Gebiet von der Anodenspannung unabhängig ist, also gesättigt erscheint. Lädt man den Kondensator C über eine solche Fünfpolröhre (Pentode P) auf (Abb. 138), so bleibt die Ladekurve bis zu hohen Werten der Spannung gut linear, denn dadurch, daß dem Kondensator unabhängig von der Spannung ein gleichbleibender Ladestrom zugeführt wird, steigt seine Spannung mit fortschreitender Zeit gleichmäßig an. Man kann also bei der Aufladung über eine Fünfpolröhre die Batteriespannung erheblich weiter ausnutzen und somit höhere Ablenkspannungen ohne großen Aufwand erzeugen als mit der Schaltung nach Abb. 134.

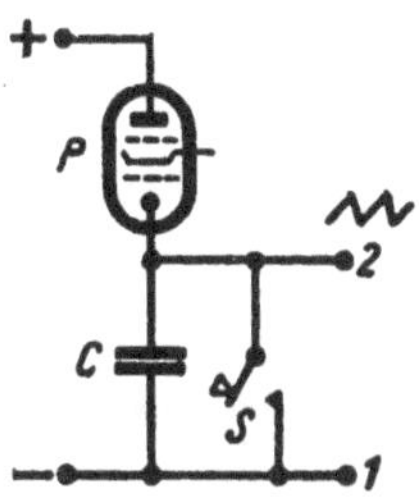

Abb. 138.

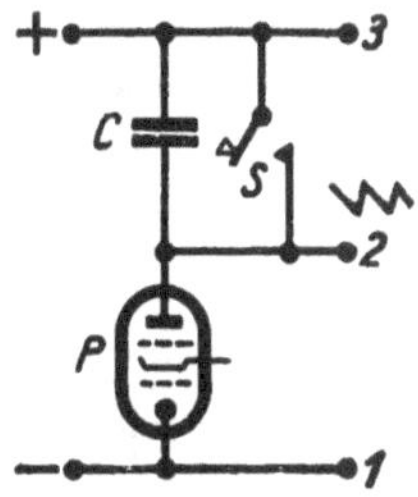

Abb. 139.

Kippschaltungen mit Kondensator-Aufladung über Laderöhre

Schaltungen mit „**Ladepentode**" werden daher bevorzugt verwendet.

Abb. 139 zeigt noch, daß die Hintereinanderschaltung von Laderöhre und Kondensator auch vertauscht werden kann. Die Sägezahnspannung erscheint dann an den Klemmen 1 und 2 phasenverkehrt, denn die Spannung zwischen diesen Punkten entspricht beim Beginn der Ladung der Batteriespannung und sinkt dann mit fortschreitender Aufladung von C linear ab. Anordnungen nach Abb. 139 werden denen nach Abb. 138 vorgezogen, da sie bestimmte schaltungstechnische Vorteile bringen.

c) Grundschaltungen zur Erzeugung von Kippschwingungen

126. Die Geräte zur Erzeugung der sägezahnförmigen Ablenkspannung müssen neben dem Kondensator und Ladewiderstand bzw. der Laderöhre noch eine Einrichtung zur periodischen selbsttätigen **Entladung** des Kondensators enthalten (Schalter *S*). Nur in besonderen Fällen benutzt man dazu einen **mechanischen Kontakt,** der z. B. von einem auf einer umlaufenden Welle sitzenden Nocken regelmäßig kurze Zeit geschlossen und wieder geöffnet wird.

127. Eine viel größere Bedeutung haben die **Elektronenschalter,** d. h. besondere Schaltanordnungen mit **Gasentladungs-** oder **Hochvakuumelektronenröhren.** Es sind dies Anordnungen zur Erzeugung elektrischer

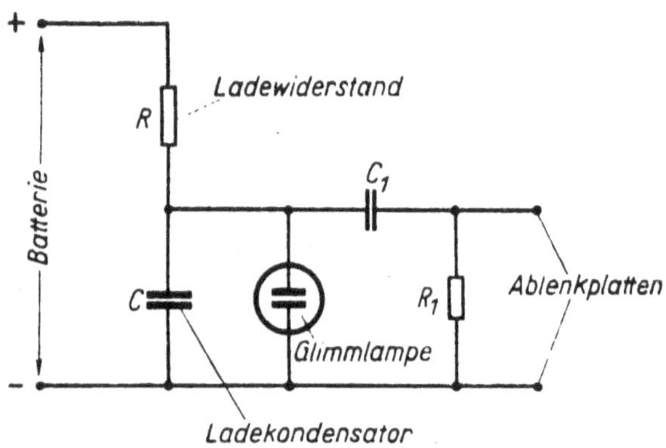

Abb. 140. Einfache Kippschaltung mit Glimmlampe

Schwingungen, bei denen aber nicht sinusförmige, sondern impulsförmige Schwingungen erregt werden. Bei diesen Schaltanordnungen **„kippen"** die Spannungen und Ströme zwischen zwei stabilen elektrischen Zuständen hin und her. Man spricht daher auch von **Kippschwingungen** und nennt Geräte zu ihrer Erzeugung **„Kippgeräte".**

Die Kippgeräte arbeiten wie jeder Schwingungserzeuger mit Anordnungen, die in ihrer Wirkung eine **fallende Stromspannungskennlinie** besitzen. Hierfür kommen Entladungen in gasgefüllten Röhren oder Rückkopplungsschaltungen in Frage.

128. Die einfachsten Kippschaltungen enthalten **Glimmlampen** (Abb.140). Der Schalter *S* in Abb. 134, 138 und 139 ist durch die Glimmstrecke ersetzt.

Die Arbeitsweise ist folgende: Bei Anlegen der Batteriespannung lädt sich der Kondensator auf, die Spannung steigt an, bis der Wert der **Zündspannung** der Glimmlampe erreicht wird. Dann entlädt sich der Kondensator über die Glimmentladung bis zur **Löschspannung,** die unterhalb der Zündspannung liegt. Beim Erreichen der Löschspannung erlischt die Glimmstrecke, und die Aufladung des Kondensators beginnt von neuem, bis die Zündspannung wieder erreicht ist. Wie Abb. 141 zeigt, springt die Kondensatorspannung periodisch zwischen den beiden Grenzwerten der Zünd- und Löschspannung hin und her, und zwar erfolgt die **Aufladung** von der Zündspannung bis zur Löschspannung **langsam** (zeitproportionaler

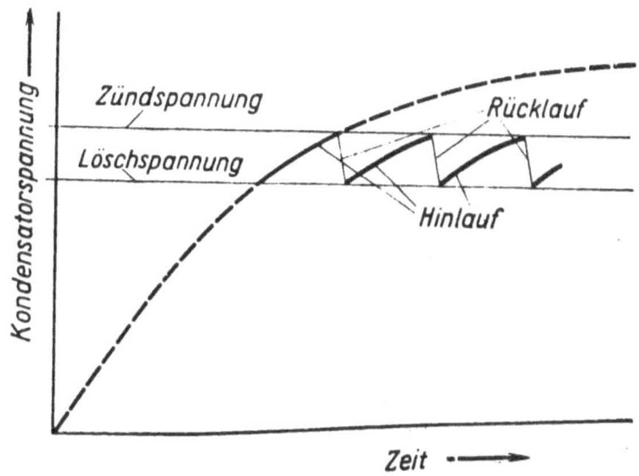

Abb. 141. Zeitlicher Verlauf der Kondensatorspannung in der Glimmlampenkippschaltung

Hinlauf), da sie über den großen Ladewiderstand R erfolgt (große Zeitkonstante); hingegen geht die **Entladung schnell** vor sich, da sie über den wesentlich kleineren Widerstand der Glimmstrecke erfolgt (kleine Zeitkonstante). Es kommt also hierbei der gewünschte sägezahnförmige Verlauf zustande.

Die Kippspannung liegt, wie Abb. 141 zeigt, nicht symmetrisch zur Nullinie, sondern es ist noch eine **Gleichspannung** überlagert, die dem Mittelwert aus Zünd- und Löschspannung entspricht. Da für die Zeitablenkung nur der **Wechselspannungsanteil** in Frage kommt, wird die Kippspannung vom Ladekondensator über das Trennglied $C_1 R_1$ (Abb. 140) den Ablenkplatten zugeführt. Der Kondensator C_1 sperrt dabei den Gleichspannungsanteil.

Kippgeräte mit Glimmlampen sind nur für einfachere Zwecke geeignet, da die erzeugten Kippspannungen verhältnismäßig klein sind (kleine Zünd-Löschspannungsdifferenz) und durch die Trägheit der Ionen bei der Entladung in der gasgefüllten Glimmstrecke nur ein beschränkter Frequenzbereich erreicht werden kann. Störend ist auch, daß die Löschspannung verhältnismäßig hoch liegt (vgl. Abb. 141), so daß für den sägezahnförmigen Spannungsverlauf nur der obere, stärker gekrümmte Teil der Ladekurve benutzt werden kann (vgl. Abb. 135).

129. Wesentlich günstiger arbeitet an Stelle der Glimmlampe eine **Gasentladungsröhre mit Glühkathode** und **Steuergitter.**

Der Aufbau dieser auch unter dem Namen **Thyratron** bekannten Röhren ist dem der normalen Dreipol-Elektronenröhren ähnlich. Jedoch enthalten sie zum Unterschied von diesen eine geringe **Gasfüllung,** so daß — wie bei der normalen Glimmlampe — bei entsprechender Anodenspannung eine leuchtende Entladung (Zündung) in der Röhre ausgelöst wird.

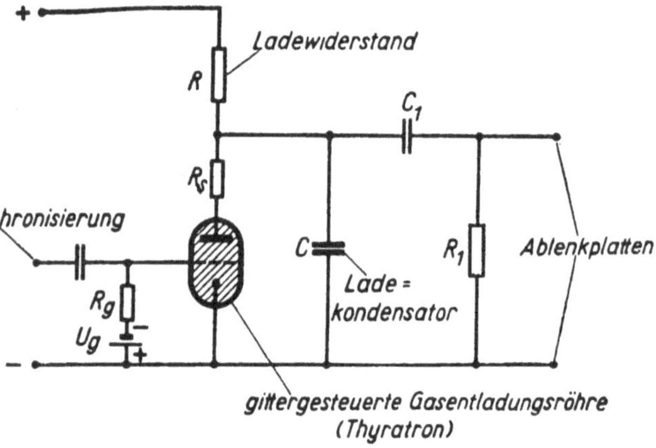

Abb. 142. Kippschaltung mit gittergesteuerter Gasentladungsröhre (Thyratron)

Gegenüber einfachen Glimmlampen arbeiten die Thyratrons sehr viel genauer, da die vorhandene G l ü h k a t h o d e wesentlich günstigere Bedingungen zur I o n i s a t i o n des Gases ergibt.

Der besondere Vorteil liegt in der Möglichkeit der **Steuerung** und **Beeinflussung der Gasentladung** mit der Spannung des zwischen K a t h o d e und A n o d e angeordneten **Steuergitters.** Man kann damit die **Zünd-Löschspannungsdifferenz** zwischen Anode und Kathode in weiten Grenzen verändern und so verschiedene **Amplituden** der erzeugten Kippspannung einstellen. Außerdem kann man mit ,,fremden Spannungen" (z. B. mit der Meßspannung) den **Einsatz** der Gasentladung steuern und dadurch z. B. die oft gewünschte Gleichzeitigkeit **(Synchronisierung)** der Zeitablenkung mit dem Meßvorgang herbeiführen.

130. Die **Kippschaltung** mit Thyratron ist der Glimmlampenschaltung ähnlich (Abb. 142). Anode und Kathode liegen dem Ladekondensator C über einen kleinen zur Strombegrenzung eingeschalteten Schutzwiderstand R_s parallel.

Das Steuergitter liegt über dem Ableitwiderstand Rg an der negativen Vorspannung Ug. Über einen Trennkondensator kann zur Synchronisierung eine entsprechende Spannung auf das Gitter einwirken. Das Trennglied $C_1 R_1$ dient wieder zum Sperren des Gleichspannungsanteils, so daß an den Ablenkplatten nur die sägezahnförmige Wechselspannung wirksam ist.

Die verschiedenen **Kippfrequenzen** werden durch entsprechende Wahl der **Ladezeitkonstanten** eingestellt. Man macht dazu meist den **Kondensator** durch einen Stufenschalter zur **Grobregelung** veränderlich, während

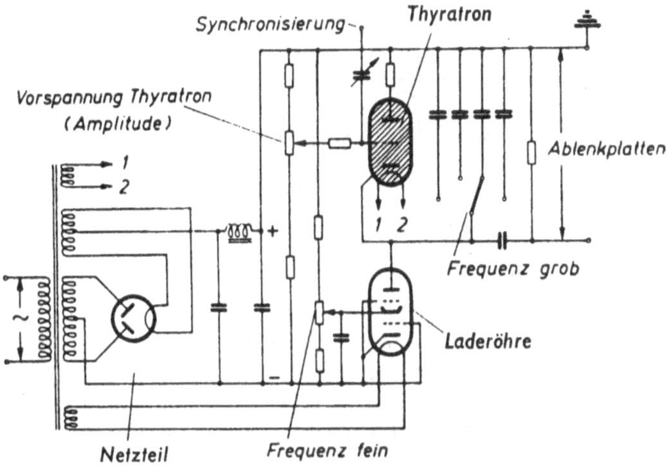

Abb. 143. Schaltung eines Kippgerätes mit Thyratron und Ladepentode

die **Feinregulierung** durch Veränderung des **Ladewiderstandes** bzw. des Elektronenstromes in der Laderöhre erfolgt.

131. Abb. 143 zeigt die Schaltung eines Kippgerätes mit Thyratron und Ladepentode bei Netzanschluß.

Links liegt der Netzteil mit Doppelweg-Gleichrichterröhre zur Erzeugung der Betriebsgleichspannung. Parallel zu dieser Spannung liegt in Hintereinanderschaltung die Laderöhre mit dem Thyratron (entsprechend Abb. 139). Über Spannungsteiler werden die Vorspannung für das Thyratron und die Schirmgitterspannung für die Laderöhre abgegriffen. Mit der Regulierung der Gitterspannung läßt sich die **Amplitude der Kippspannung** (Länge der Zeitachse) verändern. Durch Regeln der **Schirmgitterspannung** kann der **Strom** in der Ladepentode und damit die **Aufladegeschwindigkeit** des Kondensators verändert werden. Hierdurch ist eine **Feinregelung** der **Kippfrequenz** möglich. Zur **Grobregelung** der Frequenz ist der Ladekondensator in Stufen umschaltbar. Die Kippspannung wird über ein *R-C*-Trennglied den Ablenkplatten zugeführt. Zur **Synchronisierung** der Kippfrequenz mit der Meßspannung ist eine kapazitive Kopplung an das Gitter des Thyratrons vorgesehen.

Kippgeräte mit Thyratron werden in der Technik viel verwendet. Sie sind übersichtlich und einfach im Aufbau und arbeiten für die meisten Zwecke hinreichend betriebssicher. Nur zur Erzeugung **sehr hoher Kippfrequenzen** ist ihre Anwendung wegen der mit der Gasentladung in dem

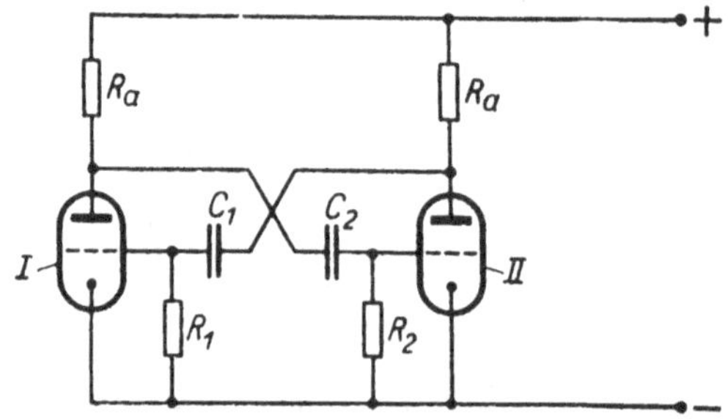

Abb. 144. Grundschaltung des Multivibrators

Thyratron verbundenen **Trägheitserscheinungen** begrenzt. Da nun aber die Kathodenstrahloszillographen in zunehmendem Maße auch zur Untersuchung **hochfrequenter Vorgänge** eingesetzt werden, muß ein Kippgerät auch die hohen Frequenzen einwandfrei erzeugen können.

132. In dieser Beziehung sind die **Kippschaltungen** mit **Hochvakuumröhren** denen mit Gasentladungsröhren überlegen. Bei diesen Schaltungen werden die Kippschwingungen durch feste **Rückkopplung** von Elektronenröhren erzeugt. Je nach dem, ob zur **Phasenumkehr** der rückwirkenden Spannung eine **zweite Elektronenröhre** oder ein geeignet gepolter **Transformator** benutzt wird, erhält man als typische **Grundformen** der Hochvakuumrohrkippgeräte den **Multivibrator** oder den **Sperrschwinger.**

133. Die Grundschaltung des **Multivibrators** ist in Abb. 144 gezeigt. Es handelt sich um eine symmetrische Widerstandskopplung zweier Elektronenröhren, in der über einen Koppelkondensator jeweils die **Anode** der **einen** mit dem **Gitter** der **anderen** Röhre verbunden ist.

Die Schaltung stellt einen zweistufigen rückgekoppelten Widerstandsverstärker dar. Durch die positiv wirkende Rückkopplung ist der Zustand, in dem beide Röhren arbeiten, außerordentlich **labil. Stabil** sind nur die beiden Betriebszustände, in denen jeweils **eine** der Röhren gesperrt ist. Zwischen den beiden möglichen stabilen Zuständen **kippt** die Schaltung periodisch hin und her.

Die **Sperrung** der Röhren wird durch die bei dem Kippvorgang erfolgende Aufladung der Gitterkondensatoren (Gitterseite stark negativ) bewirkt. Die **Entladung** der Kondensatoren erfolgt dann über die Gitter- und Anodenwiderstände. Die Anodenwiderstände sind meist sehr viel kleiner als die Gitterwiderstände, so daß für den Entladevorgang praktisch nur die Gitterwiderstände maßgebend sind. Im einzelnen geht der Ablauf der Schwingung etwa so vor sich: Es sei angenommen, daß die linke Röhre (I) gesperrt ist (gitterseitiger Belag des Kondensators C_1, also stark negativ gegen Kathode!) und in der anderen Röhre ein Anodenstrom fließt. Durch die fortschreitende Entladung des Gitterkondensators C_1 über den Gitterableitwiderstand R_1 wird nach einer gewissen Zeit die Sperrung des Anodenstroms aufgehoben. Es entsteht dann an dem Anodenwiderstand R_a der ersten Röhre ein **negativer Spannungsstoß,** der über das Kopplungsglied C_2 auf das Gitter der zweiten Röhre übertragen wird, der an der Anode dieser Röhre einen **positiven Stoß** auslöst, der über das erste Kopplungsglied auf das Gitter der ersten Röhre zurückwirkt und den Anstieg des Anodenstromes verstärkt. So „schaukelt" sich das System auf, es setzt der **Kippvorgang** ein, durch den jetzt die zweite Röhre gesperrt wird, während die erste Röhre in Betrieb bleibt. Nun erfolgt für den zweiten Gitterkondensator der oben für die erste Röhre besprochene Entladevorgang, bis die Sperrung aufgehoben wird, das System wieder umkippt in den ersten Gleichgewichtszustand, und so geht es periodisch weiter. Die beiden Röhren setzen sich also in der Multivibratorschaltung gegenseitig außer Betrieb. Die Periodendauer der „Umschaltung" ist im wesentlichen nur von der Entladegeschwindigkeit der Gitterkondensatoren über ihre Ableitwiderstände abhängig. Durch entsprechende Wahl dieser Zeitkonstanten $R_1 C_1$ und $R_2 C_2$ kann man also die Periodenzahl der Kippvorgänge in der Sekunde beliebig einstellen. **Das Verhältnis der beiden Zeitkonstanten** zueinander entspricht dem **Verhältnis** der **Sperr- und Öffnungszeiten.** Man kann mit der Wahl verschiedener Zeitkonstanten einen **unsymmetrischen** Betriebszustand des Multivibrators erreichen.

Der zeitliche Ablauf der Anodenströme bzw. der Spannungen an den Anoden ist **rechteckförmig,** denn entweder sind die Röhren gesperrt oder sie führen vollen Strom. Der Multibrivator erzeugt also **impulsförmige** Wechselspannungen, d. h. außer der Grundschwingung noch sehr viele Oberschwingungen. Daher hat er auch seinen Namen bekommen, denn Multivibrator heißt wörtlich etwa: „Vielschwinger", es sollte also in dem Namen im Gegensatz zu den sinusförmig schwingenden Schaltungen zum Ausdruck kommen, daß er ein ganzes Spektrum verschiedener Frequenzen erzeugt.

134. Der **Multivibrator** ist der gegebene **Schalter,** der die periodische Entladung des Kondensators in der Grundschaltung nach Abb. 134 bewirken kann. Eine mögliche **Kippschaltung** zur Erzeugung sägezahnförmiger Spannungen ergibt sich in einfacher Weise durch **Parallelschalten** des Ladekondensators zu einer der beiden Multivibratorröhren nach Abb. 145.

Als Ladewiderstand dient gleichzeitig der eine Anodenwiderstand. In der Sperrzeit der Röhre II lädt sich der Kondensator über den Ladewiderstand auf, in der darauffolgenden Zeit des Anodenstromflusses entlädt er sich über die Röhre II. Damit ein **langer Hinlauf** und **kurzer Rücklauf** zustande kommt, muß die **Zeitkonstante** an dem Gitter der zweiten Röhre **groß** gegenüber der anderen sein, damit die zweite, zur Entladung benutzte Röhre nur **kurzzeitig** geöffnet wird.

135. Die Schaltung nach Abb. 145 hat den **Nachteil,** daß zwei Zeitkonstanten — außer der eigentlichen Ladezeitkonstante — bei Veränderung der Kippfrequenz mit umgeschaltet werden müssen. Man verwendet daher

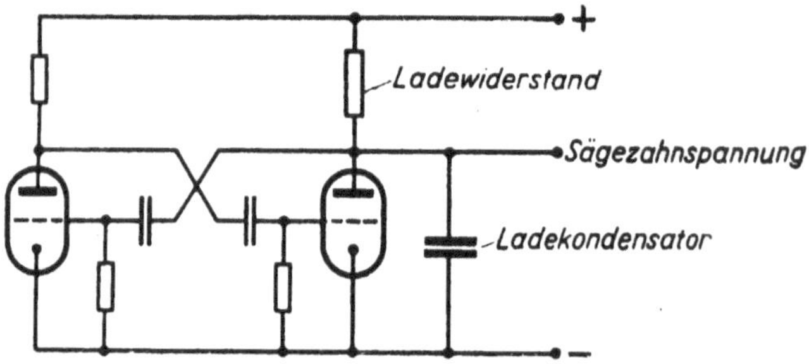

Abb. 145. Multivibratorschaltung zur Erzeugung von Sägezahnspannungen

im allgemeinen die vereinfachte, in Abb. 144 dargestellte Schaltung des Multivibrators, in der das eine *R-C*-Glied fortgelassen und durch eine direkte Verbindung des Gitters mit der Anode ersetzt ist. Die eine Röhre des Multivibrators liegt als Entladeröhre (I) dem Kondensator parallel, während die andere als Umkehrröhre (Hilfsröhre II) die notwendige Rückkopplung der Schaltanordnung bewirkt.

Bei Einschalten der Betriebsspannung lädt sich der Kondensator über die Laderöhre auf, bis das Potential der Kathode der Röhre I in die Größe der Gitterspannung kommt, so daß die Sperrung des Anodenstroms in I aufgehoben wird und der Kippvorgang über die Röhre II einsetzt, der zur Entladung des Kondensators über die geöffnete Röhre I führt.

Die Schaltung Abb. 146 hat den Vorteil, daß normale Elektronenröhren Verwendung finden können, so daß durch das Fehlen von trägen Gasentladungseffekten die Erzeugung **sehr hoher Kippfrequenzen** möglich ist. Man kann mit solchen Schaltanordnungen Frequenzen von einigen MHz erzeugen.

136. Abb. 147 zeigt ein vollständiges **Schaltbild einer Kippschaltung mit Hochvakuumröhren** nach dem Prinzip der Schaltung Abb. 146.

Links liegt der Stromversorgungsteil, der die Netzwechselspannung in die Betriebsgleichspannung und die Röhrenheizspannung umwandelt. Die Schirmgitterspannung der Laderöhre ist über ein Potentiometer zur Feinregelung der Kippfrequenz veränderlich. Die Grobregelung erfolgt durch Umschaltung des Ladekondensators mit einem Stufenschalter. Das Kopplungsglied der Hilfsröhre zur Rückkopplung wird ebenfalls in Stufen umgeschaltet. Die Schirmgitterspannung der Hilfsröhre ist regelbar und dient zur Veränderung der Amplitude der Ablenkspannung. Diese Beeinflussung kommt durch die direkte Verbindung

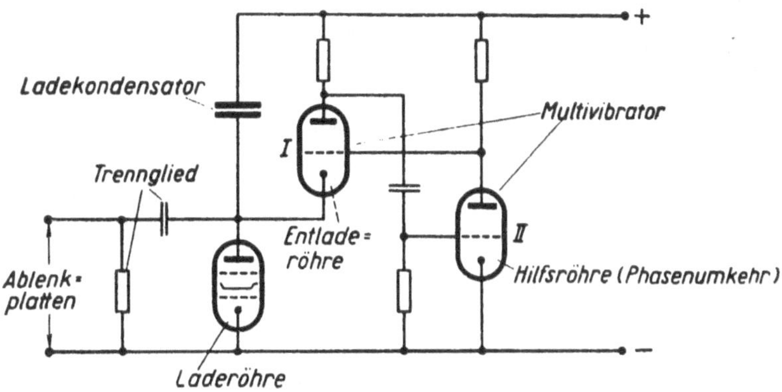

Abb. 146. Einfache Schaltung des Multivibrators zur Erzeugung von Sägezahnspannungen

des Steuergitters der Entladeröhre mit der Anode der Hilfsröhre zustande. Mit der Schirmgitterspannung werden der Anodenstrom in der Hilfsröhre, der Spannungsabfall an ihrem Anodenwiderstand, somit auch die Gittervorspannung der Entladeröhre, und damit die Höhe der Ladekondensatorspannung, bei der der Kippvorgang einsetzt, verändert. Eine vierte Röhre ist zur Synchronisierung der Kippfrequenz mit der Meßfrequenz oder einer anderen Bezugsgröße vorgesehen. Diese Röhre wirkt als Trenn- und Verstärkerstufe. Die Synchronisierzeichen gelangen von dort über das Schirmgitter der Hilfsröhre auf das Steuergitter der Entladeröhre und bewirken somit einen zwangsläufigen Einsatz des Kippvorganges.

Es gibt in der Praxis noch eine Reihe verschiedener Abarten der Multivibratorschaltung; z. B. kann man mit Hilfe von Mehrgitterröhren durch Rückkopplung der einzelnen Elektroden aufeinander auch mit einer Röhre allein sägezahnförmige Spannungen erzeugen.

137. Die andere Grundform der Kippgeräte mit Hochvakuumröhren ist der **Sperrschwinger.** Seine Schaltung (Abb. 148) entspricht vollkommen

einer normalen Schwingschaltung, jedoch wird durch eine sehr **feste Kopplung** der Gitter- mit der Anodenkreisspule in dem Rückkopplungstransformator und durch das Fortlassen der Schwingkreiskapazität ein von der

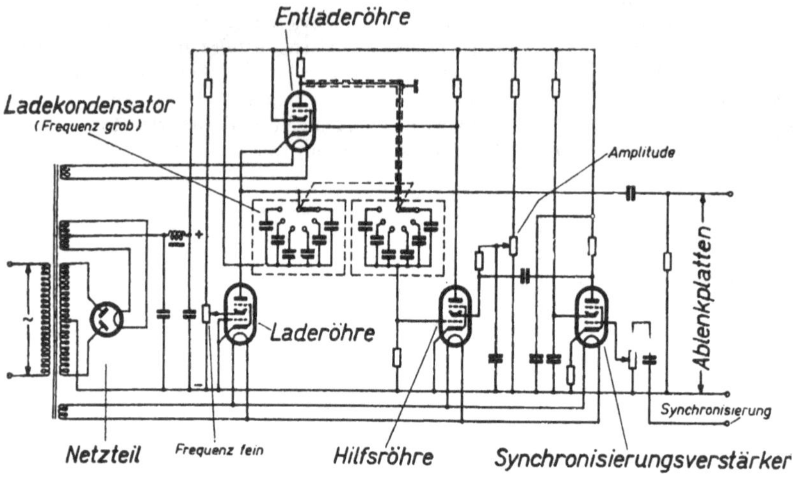

Abb. 147. Schaltung eines Kippgerätes mit Hochvakuumröhren

Sinusform erheblich abweichender **impulsförmiger** Ablauf der erregten Schwingungen erreicht. Beginnt nach dem Einschalten der Anodenspannung ein Stromfluß in der Röhre, so wird er durch die starke Rückkopplung des Anodenkreises auf den Gitterkreis sehr verstärkt; der dabei auf-

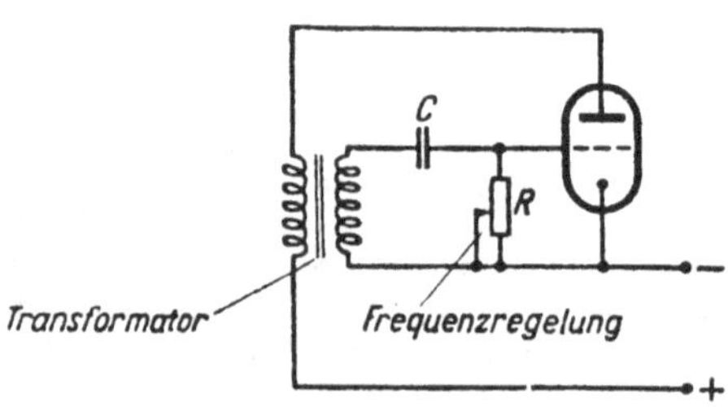

Abb. 148. Schaltung des Sperrschwingers

tretende starke Gitterstrom lädt den Gitterkondensator so weit auf, daß nach kurzer Zeit der ganze Elektronenstromfluß in der Röhre durch die entstehende hohe negative Gittervorspannung unterbrochen wird. Es entsteht eine Arbeitspause, innerhalb welcher sich der Gitterkondensator über den Gitterableitwiderstand gemäß der Zeitkonstante $R \cdot C$ wieder **entlädt,** bis der Wert der Gitterspannung erreicht wird, bei dem der Anodenstromfluß wieder einsetzt. Dann wiederholt sich das Spiel von neuem.

Die Anordnung liefert also nur **kurzzeitige Impulse,** da nach jedem Kippvorgang die Röhre gesperrt wird (Sperrschwinger). Die **Sperrdauer** hängt von der **Zeitkonstante** des **Gitterkondensators** C mit dem **Ableitwiderstand** R ab und kann durch entsprechende Wahl dieser Schaltelemente, z. B. durch Veränderung von R, auf verschiedene gewünschte Werte eingestellt werden. Die Dauer des Kippvorgangs hängt im wesentlichen von der Induktivität der Transformatorwicklung und von der Größe des Gitterkondensators ab.

138. Das kurzzeitige Öffnen der Schwingröhre mit nachfolgender selbsttätiger Verriegelung im Sperrschwinger ist der gegebene **Schaltermechanis-**

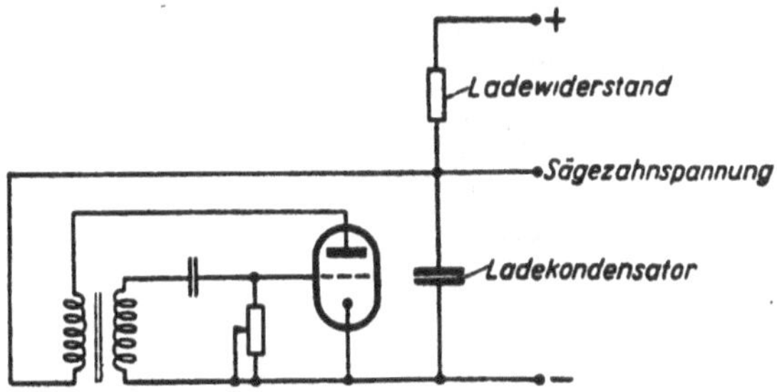

Abb. 149. Sperrschwinger zur Erzeugung von Sägezahnspannungen

mus für die Anordnung nach Abb. 134 zur Erzeugung sägezahnförmiger Spannungen. Die dafür geeignete Anordnung ergibt sich nach Abb. 149 einfach durch Parallelschaltung des Sperrschwingers zum Ladekondensator. In den Sperrzeiten der Röhre lädt sich der Kondensator über den Vorwiderstand auf, und in der kurzen Öffnungszeit entlädt er sich über die Röhre.

Kippgeräte mit Sperrschwinger sind vor allem dann vorteilhaft, wenn es sich um die Erzeugung einer **festen** Kippfrequenz handelt, wie es z. B. in Fernsehgeräten der Fall ist. Da die Phasenumkehr der Rückkopplungsspannung im Transformator erfolgt, spart man die beim Multivibrator hierfür nötige zweite Röhre. Dagegen sind die Sperrschwingerschaltungen nicht für Kippgeräte mit weit veränderlichem Frequenzbereich geeignet, da der Rückkopplungstransformator nur in einem beschränkten Bereich die richtigen Arbeitsbedingungen hat.

139. Die bisher behandelten Kippschaltungen erzeugen sägezahnförmige **Spannungen** für die **elektrische** Strahlablenkung in Braunschen Röhren. Die zur **magnetischen** Strahlablenkung entsprechenden sägezahnförmigen **Ströme** werden entweder in ähnlichen Rückkopplungsschaltungen direkt oder mittelbar aus einer Sägezahnspannung über eine Verstärkerröhre in deren Anodenkreis erzeugt.

140. Eine einfache **Verstärkerschaltung** zeigt Abb. 150. Das **Gitter** wird mit einer sägezahnförmigen Spannung gesteuert. Der Anodenstrom folgt dem Gitterspannungsverlauf und zeigt, sofern man sich auf das lineare

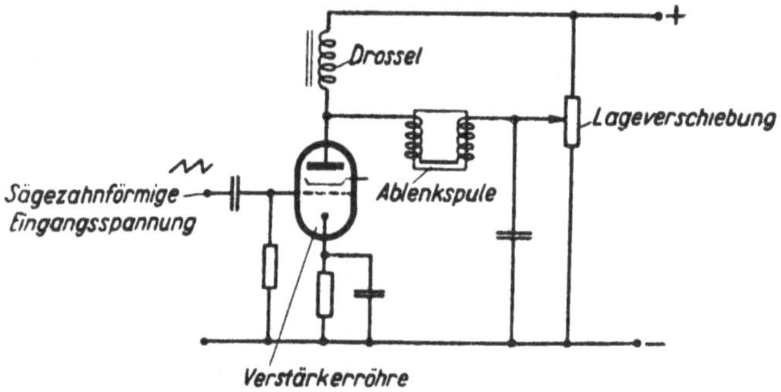

Abb. 150. Umwandlung einer sägezahnförmigen Ablenkspannung in einen entsprechenden Ablenkstrom über eine Verstärkerröhre

Stück der Röhrenkennlinie beschränkt, einen entsprechenden Stromverlauf. Allerdings ist dem sägezahnförmigen Anodenwechselstrom noch der mittlere Anodengleichstrom überlagert, der eine einseitige Verschiebung der Zeitachse auf dem Bildschirm hervorrufen würde. Um diesen Ruhestromanteil in der Ablenkspule zu unterdrücken, ist in der Schaltung nach Abb. 150 eine Drossel im Anodenkreis vorgesehen, und die Spule liegt mit dem **einen** Pol an der **Anode** der Röhre, mit dem **anderen** über ein Potentiometer an einem **Zwischenpotential** zwischen Anodenspannung und Erde. Mit der Veränderung der Potentiometerstellung kann man den Ruhestrom genau ausgleichen oder aber in der einen oder anderen Richtung einen Reststrom einstellen zur **Verschiebung der Lage der Zeitachse** auf dem Bildschirm.

141. Die Schaltung nach Abb. 150 wird vorwiegend bei niedrigen Kippfrequenzen (z. B. im Fernsehen für die Bildfrequenz) verwendet; bei höheren Frequenzen machen sich die Induktivität und Kapazität der Ab-

lenkspule störend geltend, so daß man in diesem Frequenzgebiet andere Schaltungen bevorzugt, in denen die Spuleninduktivität und Kapazität mit zum Kippvorgang herangezogen werden. Solche Schaltungen können fremdgesteuert oder selbstschwingend sein.

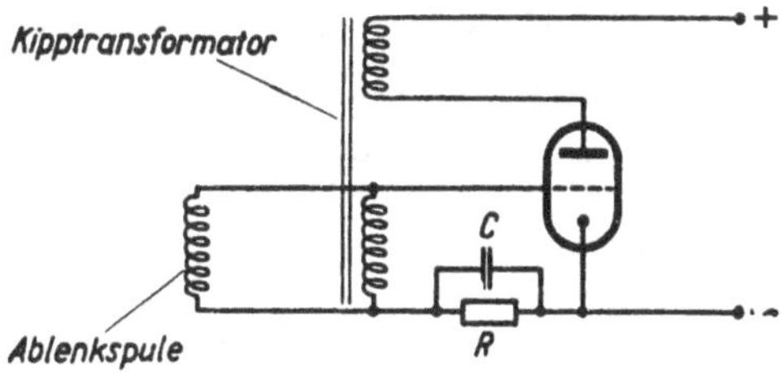

Abb. 151. Transformatorkippgerät für magnetische Ablenkung (Fernsehen)

Eine interessante, selbstschwingende einfache Anordnung ist das „**Transformatorkippgerät**" nach Abb. 151. Im Prinzip sieht diese Schaltung wie eine normale Schwingschaltung mit einer Elektronenröhre aus. Die Unterschiede liegen nur in der Dimensionierung der Schaltglieder. Das RC-Glied im Gitterkreis hat hier im Gegensatz zum Sperrschwinger eine große Zeitkonstante, so daß es wie eine konstante Gittervorspannungsbatterie wirkt.

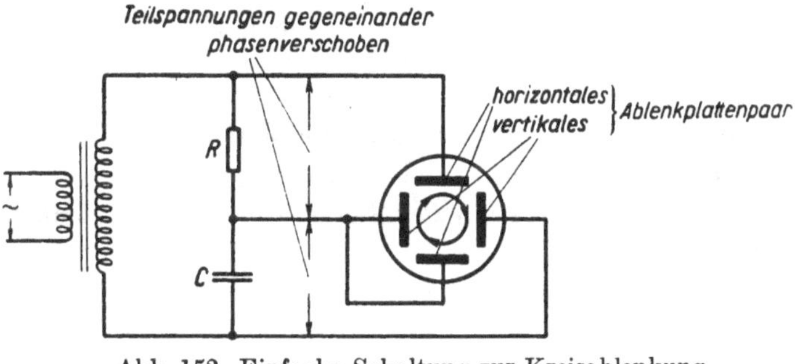

Abb. 152. Einfache Schaltung zur Kreisablenkung

Die Ablenkspule kann der Gitterspule parallel geschaltet sein, oder aber der Kipptransformator dient mit seinem Eisenjoch und den Wicklungen selbst als Ablenkspule. Derartige Anordnungen sind außerordentlich einfach und werden viel in Fernsehgeräten eingesetzt.

142. Die **Kreisablenkung** des Elektronenstrahlbündels wird mit zwei phasenverschobenen Sinusspannungen (bzw. Strömen) erreicht. Zur **Pha-**

senverschiebung der beiden Ablenkspannungen gegeneinander werden geeignete Schaltungen mit Induktivitäten, Kapazitäten und Ohmschen Widerständen verwendet. Von den vielen Möglichkeiten solcher Schaltungen soll in Abb. 152 ein besonders einfaches Beispiel gezeigt werden. Die Sinusspannung wird über einen Transformator an einen Spannungsteiler aus einem Ohmschen Widerstand und einem Kondensator gelegt. Da nun im Kondensator der Strom der Spannung um $90° = \frac{\pi}{2}$ vorauseilt, an dem Ohmschen Widerstand hingegen der Strom und die Spannung in gleicher Phase liegen, besitzen also die beiden Teilspannungen an Widerstand und Kondensator die gewünschte Phasenverschiebung von 90°. Führt man sie den Plattenpaaren der Braunschen Röhre zu, so beschreibt das Elektronenstrahlbündel auf dem Leuchtschirm einen Kreis, vorausgesetzt, daß die Größen der Teilablenkungen untereinander gleich sind.

Überblick

Für die elektrische **Zeitablenkung** des Elektronenstrahlbündels kann man in einfachen Fällen **Sinusschwingungen** verwenden.

Dabei ist es zweckmäßig, nur den **mittleren** annähernd **geradlinigen Teil** der Sinuskurve auszunutzen und die **„rücklaufende" zweite Halbwelle** jeweils durch Modulation des Strahlstromes **„auszutasten"**.

Die Erzeugung **sägezahnförmiger Ablenkspannungen** zur linearen Zeitablenkung geschieht durch **Auf- und Entladung eines Kondensators** über einen Widerstand oder eine Laderöhre.

Zur periodischen Entladung des Kondensators werden **Kippschaltungen** mit **Gasentladungsröhren** oder **Hochvakuumröhren** benutzt.

Einfache Kippgeräte arbeiten mit **Glimmlampen.**

Genauer arbeiten Geräte mit **gittergesteuerten Gasentladungsröhren (Thyratron).**

Zur Erzeugung sehr hoher Kippfrequenzen kommen nur Kippgeräte mit **Hochvakuumröhren** in Betracht.

Grundschaltungen mit Hochvakuumröhren sind der **Multivibrator** und der **Sperrschwinger.**

Sägezahnförmige Ströme werden entweder in besonderen fremdgesteuerten oder selbstschwingenden **Kippschaltungen** (Transformatorkippgeräte) erzeugt oder durch **Umwandlung** aus sägezahnförmigen **Spannungen** über eine **Verstärkerröhre** gewonnen.

Die Phasenverschiebung der beiden zur **Kreisablenkung** nötigen Sinusspannungen wird durch geeignete Schaltungen mit Induktivitäten, Kapazitäten und Ohmschen Widerständen erreicht.

3. Verstärker für Meßspannungen

(Breitbandverstärker)

143. Die Oszillographenröhren haben **Ablenkempfindlichkeiten** von etwa einigen Zehntel Millimeter pro Volt. Zur deutlichen Anzeige sind also Spannungen von der Größe einiger zehn Volt erforderlich. Die aufzuzeichnenden Meßspannungen sind aber oft sehr viel kleiner, so daß eine **Vorverstärkung** nötig ist. Hierzu verwendet man Verstärker mit Elektronenröhren, deren Schaltungen und Arbeitsweise heute hinreichend bekannt sind und hier daher nicht im einzelnen besprochen werden sollen. Es sei nur auf einige spezielle, bei Meßverstärkern für Kathodenstrahlröhren wichtige Gesichtspunkte hingewiesen.

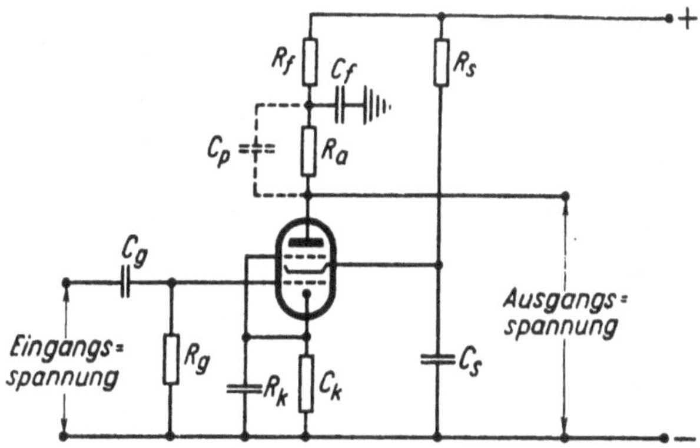

Abb. 153. Schema einer Widerstandsverstärkerstufe

Mit solchen Verstärkern soll ein sehr **breites Frequenzband** einwandfrei verstärkt werden. Man nennt sie daher allgemein **Breitbandverstärker.** Der Frequenzbereich soll sich von der Gleichspannung (Frequenz Null) bis zur Hochfrequenz von einigen MHz erstrecken. Da es jedoch schwierig ist, stabile Gleichspannungsverstärker mit hohem Verstärkungsgrad zu bauen, verzichtet man im allgemeinen auf die Verstärkung der Gleichspannung und der sehr tiefen Frequenzen und verwendet Schaltungen mit Widerstands-Kondensator-Kopplung (*RC*-Verstärker, oft auch Direktverstärker genannt).

144. Das Schema einer Stufe in einem solchen Widerstandsverstärker ist in Abb. 153 gezeigt. Die verschiedenen Widerstände bilden mit den entsprechenden Kondensatoren **Zeitkonstanten,** die für die Grenzen des Durchlaßbereiches maßgebend sind.

Um eine verzerrungsfreie Übertragung der **tiefen** Frequenzen zu erreichen, müssen die **Zeitkonstanten** des **Gittereingangskreises** $Rg \cdot Cg$, des **Kathodenkreises** $R_k \cdot C_k$ und des **Schirmgitterkreises** $R_s \cdot C_s$ **groß** gegenüber der Periodendauer der tiefsten zu übertragenden Frequenzen sein. Da für die Widerstände meist feste, mit der Röhrentype gegebene Werte eingesetzt werden, müssen also die Kondensatoren hinreichend groß gewählt werden.

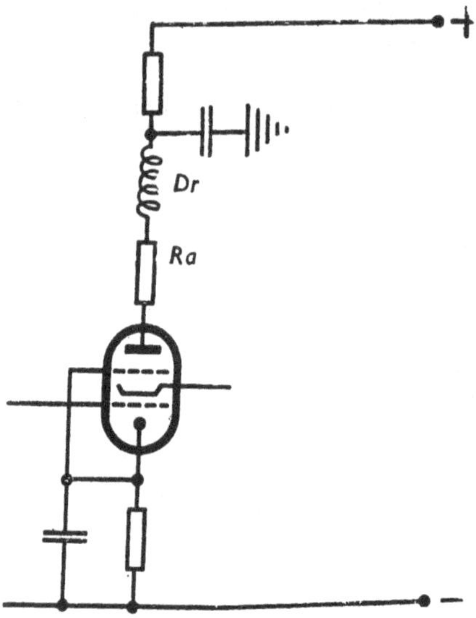

Abb. 154. Ausgleich des Abfalls der Verstärkung bei hohen Frequenzen durch Einschaltung von Selbstinduktionen in den Anodenkreis

Das Schaltglied $R_f\,C_f$ dient zur **Siebung** der **Anodengleichspannung** und kann auch zur „Entzerrung" eines evtl. vorhandenen Abfalls des Verstärkungsgrades bei tiefen Frequenzen herangezogen werden.

Die Durchlaßgrenze nach **hohen** Frequenzen hin wird durch die Zeitkonstante des **Anodenwiderstandes** R_a mit den parallel liegenden **Röhren-** und **Schaltkapazitäten** C_p bestimmt. Um die Grenze möglichst weit hinauszuschieben, muß also der Anodenwiderstand klein sein. Bei kleinem R_a ist aber der Verstärkungsgrad gering; man muß daher Röhren mit **sehr großer Steilheit** verwenden, um trotzdem eine genügende Verstärkerwirkung zu erzielen. Die Schalt- und Röhrenkapazitäten müssen ebenfalls so klein wie möglich gehalten werden; der Verstärker muß also sehr zweckmäßig und kapazitätsarm aufgebaut werden.

145. Den Abfall des Verstärkungsgrades nach hohen Frequenzen hin kann man in verschiedenen Kunstschaltungen mit Induktivitäten zu einem gewissen Grade entzerren. Eine einfache Schaltung dieser Art zeigt Abb. 154. Hier ist mit dem Ohmschen Anodenwiderstand eine Spule Dr in Reihe geschaltet. Dadurch kann man sogar den Verstärkungsfaktor bei hohen Frequenzen anheben.

146. Liegt die Meßspannung nur im Gebiet höherer Frequenzen, so kann man an Stelle der Widerstandskopplung geeignete **Filter** oder stark **ge-**

dämpfte Schwingkreise einsetzen. Solche Verstärker werden z. B. in der Fernsehtechnik als **Zwischenfrequenzverstärker** verwendet, beziehungsweise allgemein in solchen Fällen, bei denen die Meßvorgänge als **Modulation** einer **Trägerfrequenz** gegeben sind.

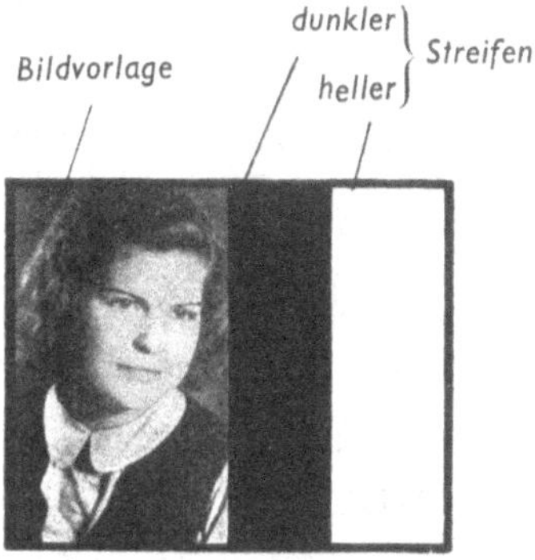

Abb. 155. Vorlage für die Fernsehbilder Abb. 156

normal | tiefe Frequenzen geschwächt | hohe Frequenzen geschwächt

Abb. 156. Verschlechterung der Güte eines Fernsehbildes durch Fehlen der hohen bzw. tiefen Frequenzen

147. Im **Fernsehen** ist ein guter Breitbandverstärker für die Bildgüte von grundlegender Bedeutung. Wie sehr die Qualität der Fernsehempfangsbilder von der richtigen Übertragung aller vorkommenden Frequenzen abhängt, ist in Abb. 156 auschaulich gezeigt. Dort ist absichtlich der Frequenzbereich einmal nach den tiefen, das andere Mal nach den hohen Frequenzen hin eingeengt werden, um die Auswirkungen im Bild deutlich werden zu lassen. Als Bildvorlage im Fernsehsender diente dabei die in Abb. 155 gezeigte Zusammenstellung. Im linken Teil des Bildes ist eine Halbtonbildvorlage vorhanden, im rechten ein schwarzer und weißer senkrecht laufender Streifen.

Man erkennt, daß bei Fehlen der **tiefen** Frequenzen nur die scharfen Kanten an den Hell-Dunkel-Übergängen in Zeilenabtastrichtung im Bild sichtbar sind, die gleichmäßig getönten Flächen jedoch nicht wiedergegeben werden. Man sieht dies besonders an der Aufhellung des dunklen Streifens, dessen Grundhelligkeit genau denselben Wert wie der danebenliegende helle Streifen angenommen hat. Nur die Trennkante ist als heller Strich deutlich gekennzeichnet.

Beim Fehlen der **hohen** Frequenzen hingegen werden wohl die gleichmäßigen Bildflächen gut übertragen, aber die Schärfe des Bildes an den Hell-Dunkel-Kanten ist schlecht.

148. Röhrenverstärker werden in Verbindung mit Kathodenstrahlröhren auch zur **Verstärkung** bzw. **Phasenumkehr** der **sägezahnförmigen Zeit-**

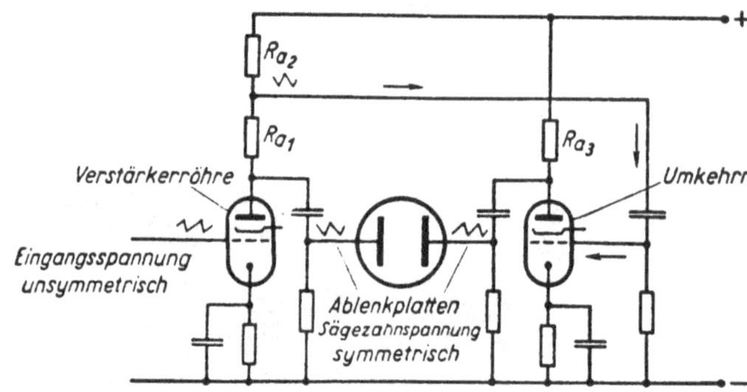

Abb. 157. Erzeugung symmetrischer Sägezahnspannung aus einer unsymmetrischen Eingangsspannung durch Phasenumkehr in einer Verstärkerröhre

ablenkspannungen eingesetzt. Ein Beispiel hierzu gibt Abb. 157. In dieser Schaltung wird eine kleine sägezahnförmige unsymmetrisch gegen Erde liegende Ablenkspannung in eine zur Ablenkung ausreichend verstärkte symmetrische Spannung umgewandelt. Die linke Röhre arbeitet als normale Widerstandsverstärkerstufe und erhält als Gittersteuerung die unsymmetrische Sägezahnspannung. Von ihrem Anodenkreis wird die Spannung über ein RC-Trennglied auf die eine Ablenkplatte übertragen.

Die zur Symmetrierung nötige um $\pi = 180°$ phasenverschobene Ablenkspannung für die andere Ablenkplatte wird über eine weitere Verstärkerröhre (Umkehrröhre) erzeugt. Man macht dabei von der Tatsache Gebrauch, daß Anoden- und Gitterwechselspannung einer solchen Verstärkerstufe bekanntlich in Gegenphase liegen. Da die zweite Röhre nur zur Phasenumkehr, nicht zur Verstärkung dienen soll, muß ihre

Verstärkerwirkung durch entsprechende Verringerung der Gittereingangsspannung ausgeglichen werden. Dementsprechend wird von der umzukehrenden Anodenspannung der ersten Verstärkerröhre nur eine kleine Teilspannung abgegriffen. Hierzu ist der Anodenwiderstand in Ra_1 und Ra_2 unterteilt. Die an Ra_2 liegende Teilspannung wird zur Steuerung dem Gitter der Umkehrröhre zugeführt. Das Verhältnis von Ra_2 zu Ra_1 wird so gewählt, daß die an dem Anodenwiderstand Ra_3 auftretende Spannung gerade so groß wie die an der Anode der ersten Röhre ist. Über ein Trennglied wird die Spannung von Ra_3 auf die rechte Ablenkplatte übertragen. Die eingezeichneten Sägezahnkurven geben an, daß jetzt an den beiden Ablenkplatten zwei gleich große, aber phasenverkehrte Spannungen liegen. Eine solche symmetrische Zuführung der Spannungen an die Ablenkplatten der Braunschen Röhre ist für die **fehlerfreie Ablenkung** besonders günstig (vgl. Ziff. 59).

Auch die **Meßspannung** kann natürlich mit Umkehrschaltungen nach Abb. 157 oder ähnlichen Anordnungen **symmetrisch** zugeführt werden.

Überblick

Zur **Verstärkung** kleiner Meßspannungen werden **Röhrenverstärker** mit breitem Frequenzbereich, sogenannte **Breitbandverstärker**, verwendet.

Meist werden solche Verstärker in **Widerstands-Kondensatorkopplung** ausgeführt (*RC*-Verstärker).

Zur einwandfreien Übertragung der **tiefen Frequenzen** müssen die **Zeitkonstanten** des **Gittereingangs-**, des **Kathoden-** und **Schirmgitterkreises** hinreichend **groß** sein.

Zur einwandfreien Übertragung der **hohen Frequenzen** muß die **Zeitkonstante** des **Anodenwiderstandes** mit den parallel liegenden **Röhren-** und **Schaltkapazitäten klein** sein.

Durch geeignete **Entzerrungsglieder** kann der Frequenzbereich nach hohen Frequenzen hin erweitert werden.

Breitbandverstärker für Frequenzbänder, die **nur** im Gebiet höherer Frequenzen liegen, werden mit Kopplungen über gedämpfte **Schwingkreise** oder **Filter** ausgeführt.

Röhrenverstärker werden in Verbindung mit Braunschen Röhren auch zur **Verstärkung** und **Phasenumkehr** (Symmetrierung) der **sägezahnförmigen** Spannungen für die **Zeitablenkung** eingesetzt.

4. Aufbau verschiedener Geräte mit Kathodenstrahlröhren. Anwendungsbeispiele

149. Die in den vorangehenden Abschnitten besprochenen Betriebsgeräte werden meist mit der Braunschen Röhre zu einem einheitlichen Gerät zusammengebaut. Solche **Oszillographengeräte** enthalten also neben

der **Röhre** ein **Stromversorgungsgerät** (Hochspannungsgerät), ein **Kippgerät** zur elektrischen Zeitablenkung des Leuchtflecks und meist auch einen **Meßverstärker** (Abb. 158). Je nach den Ansprüchen an Bildgüte, Zeitauflösung, Empfindlichkeit usw. ist die Art der technischen Ausführung solcher Geräte verschieden.

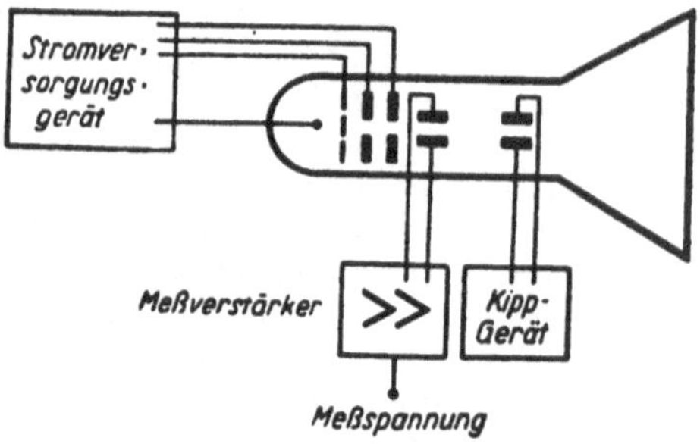

Abb. 158. Schema eines Oszillographengerätes

Abb. 159 zeigt einen sehr einfachen **Kleinstoszillographen,** der als Zeitablenkung nur eine Sinusspannung von 50 Hz (Netzspannung) besitzt. Zwar ist damit der Anwendungsbereich eingeschränkt, jedoch ist ein solches, außerordentlich einfach zu handhabendes Kleingerät in vielen Fällen, z. B. Prüfzwecken, ein sehr nützliches Hilfsmittel. Die Oszillographenröhre ist waagerecht in dem Gehäuse derart eingebaut, daß der Bildschirm in dem kreisförmigen Ausschnitt der Frontplatte sichtbar ist.

Abb. 159. Kleinstoszillograph mit 50 Hz Sinusablenkung als Zeitachse (Opta Radio AG)

Abb. 160 zeigt einen **Kleinoszillographen** mit besserer technischer Ausrüstung. Sein elektrischer Aufbau entspricht dem Schema Abb. 158. Auch bei ihm ist der Bildschirm der Röhre in dem Ausschnitt der Frontplatte angeordnet. Ein herausziehbares Blechrohr ermöglicht durch Abschirmung des Fremdlichtes (Raumbeleuchtung) eine bessere Erkennbarkeit auch sehr lichtschwacher Kurvenbilder. Die Bedienungsknöpfe dienen zur Einstellung der Schärfe und Helligkeit des Bildes auf den Schirm der Kathodenstrahlröhre, zur Einstellung der Kippfrequenz (grob und fein), der Synchronisierung des Kippgerätes und zur Regelung des Verstärkungsgrades im Meßverstärker.

Ein **größeres Oszillographengerät** ist in Abb. 161 gezeigt. In dieser Ausführung liegt die **Frontplatte** mit dem Bildschirm der Röhre und den Bedienungsknöpfen **schräg**, um auch von oben her eine gute Beobachtungsmöglichkeit zu haben. Abb. 162 zeigt die Gesamtschaltung dieses Gerätes.

In dem oberen Teil des Schaltbildes ist der **Netzteil** gezeigt. Mit den beiden Potentiometern im Spannungsteiler des Hochspannungsteils wird die **Punkthelligkeit** (*Ph*) und die **Punktschärfe** (*Ps*) geregelt.

Links unten ist das **Kippgerät** für die Zeitablenkung dargestellt, das nach dem Prinzip der Schaltung Abb. 146

Abb. 160. Kleinoszillograph mit Verstärker und Kippgerät (Siemens)

Abb. 161. Größerer Oszillograph (AEG)

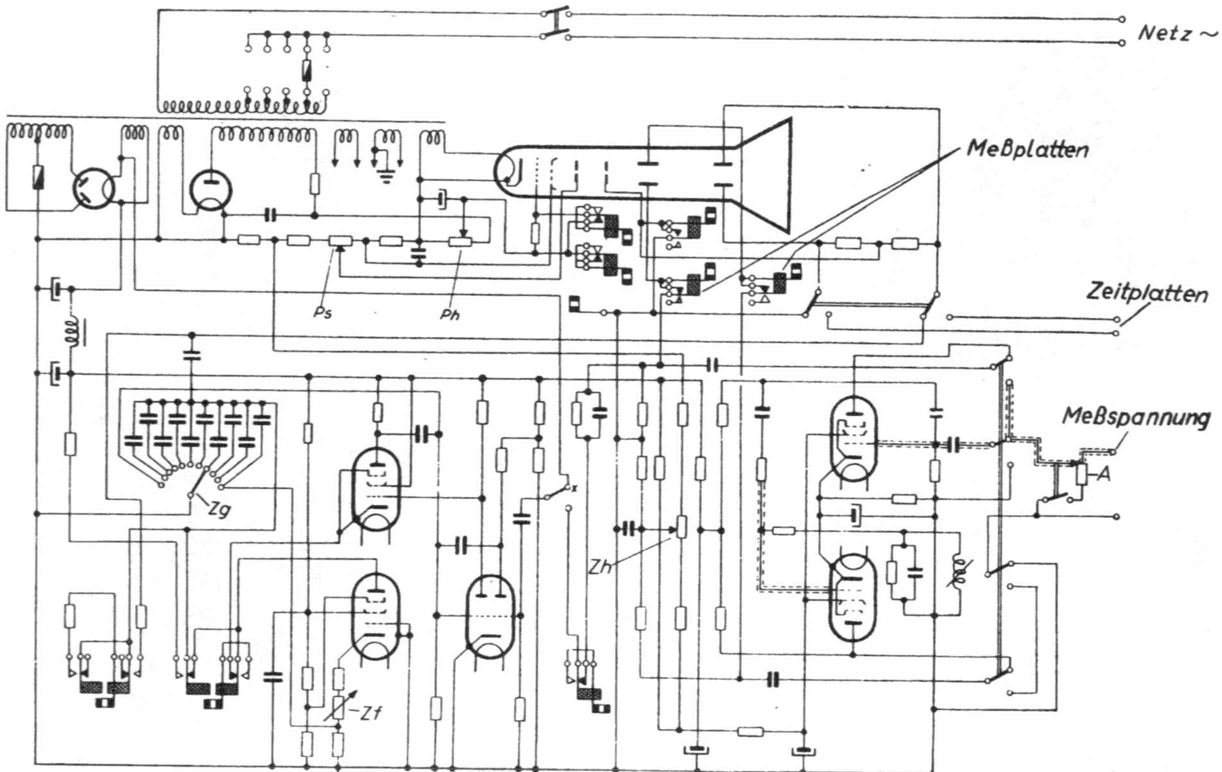

Abb. 162. Schaltung des Gerätes Abb. 161

mit Multivibrator arbeitet. Die **Kippfrequenz** wird **grob** durch den **Kondensator-Stufenschalter** (*Zg*) und **fein** durch Veränderung des Stroms der **Ladepentode** (*Zf*) eingestellt.

Das **Potentiometer** *Zh* regelt die Gleich-Vorspannung der einen Platte des horizontalen Ablenkplattenpaares zur richtigen Einstellung der **Lage** der Zeitachse bzw. des Oszillogramms. Mit dem **Potentiometer** *A* kann die **Amplitude** der an den **Meßverstärker** (mit Umkehrstufe) gelegten Eingangsspannung auf den gewünschten Wert eingestellt werden.

Abb. 163. Innenansicht eines Oszillographengerätes (Philips)

Den inneren Aufbau eines Oszillographengerätes zeigt Abb. 163. Man erkennt die bei dem gedrängten Zusammenbau notwendigen elektrischen **Abschirmungen** der einzelnen empfindlichen Schaltteile gegeneinander.

Die Röhre selbst ist mit einem dicken **Eisenmantel** umgeben, um Störungen von elektromagnetischen Fremdfeldern zu vermeiden.

Die Art der Ausführung der zusammengestellten Geräte kann natürlich sehr verschieden sein, und die hier gezeigten Beispiele sollen nur einen Ausschnitt aus den seinerzeit gebräuchlichen technisch eingesetzten Formen geben.

VI. Anwendungen

150. Der **Anwendungsbereich** der Kathodenstrahloszillographie ist außerordentlich groß. Um einen kleinen Einblick zu geben, sollen im folgenden einige Anwendungsbeispiele kurz aufgezeigt werden.

Wie der Name „Oszillograph" schon sagt, bezieht sich ein großer Teil der Anwendungen auf die **Aufzeichnung** von **Schwingungen.** Da der Ablenkvorgang auf **elektrischen** Vorgängen beruht, kann man natürlich nur elektrische Schwingungen aufschreiben. Mit Hilfe von **Mikrophonen** oder

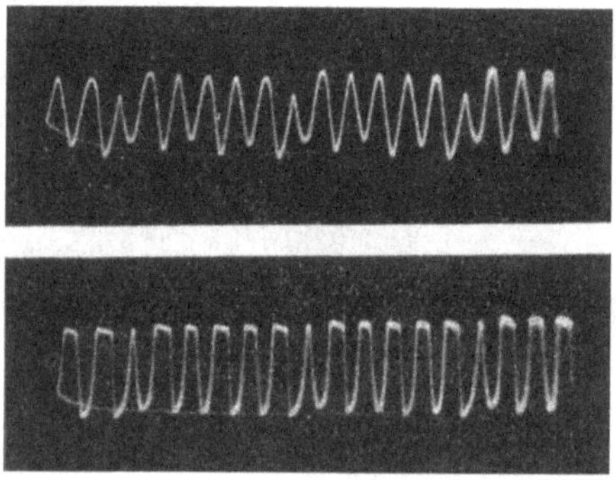

Abb. **164.** Oszillogramm eines unverzerrten (oben) und verzerrten (unten) Schwingungszuges

Photozellen kann man jedoch auch **akustische** oder **Lichtschwingungen** in **elektrische umwandeln** und somit zur Aufzeichnung bringen. Auch **Druckschwankungen** können mit piezoelektrischen Umformern in entsprechende elektrische Schwingungen umgesetzt werden.

151. Als Hilfsmittel bei den Schwingungsuntersuchungen wird man oft einen **Verstärker** einsetzen müssen, und es ist wesentlich, daß in diesem Verstärker keine zusätzlichen **Verzerrungen** auftreten, die das Schwingungsbild fälschen. In Abb. 164 ist gezeigt, wie z. B durch **Übersteuerung** — d. h. Überschreiten des linearen Arbeitsbereiches — des Verstärkers die

Kurvenform eines Schwingungszuges **verzerrt** wird. Man erkennt, wie die in dem ursprünglichen Kurvenzug vorhandenen **Spitzen abgeschnitten** werden und der Schwingungsverlauf eine ganz andere Form annimmt. Elektrisch bedeutet dies das Auftreten zusätzlicher Oberschwingungen (Klirrfaktor). Die **anschauliche Art** der unmittelbaren Erkennung der Verzerrungen im **Kurvenbild** hat große Vorteile gegenüber mittelbaren Meßmethoden, so daß die Oszillographenröhre für solche **Schwingungs- und Verstärkeruntersuchungen** ein wertvolles Hilfsmittel geworden ist.

152. Nahezu unentbehrlich ist der Kathodenstrahloszillograph für Untersuchungen in der **Impulstechnik** (Fernsehen) geworden. Abb. 165 zeigt

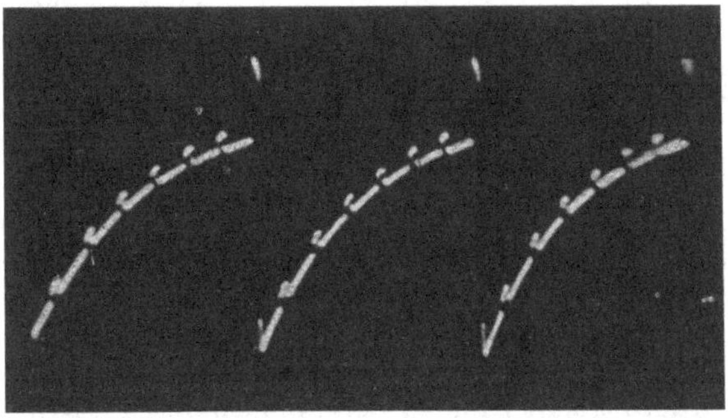

Abb. 165. Oszillogramm der Gitterspannung eines Sperrschwingers mit Synchronisierimpulsen

z. B. den zeitlichen Ablauf der Gitterspannung eines synchronisierten **Sperrschwingers** (vgl. Ziff. 137). Der größte Teil dieser Kurve ist durch den (exponentiellen) Entladevorgang des Gitterkondensators über den Gitterableitwiderstand gegeben. Ist der Einsatzpunkt des Anodenstromes erreicht, so setzt der Kippvorgang ein, und es ergibt sich erneut die hohe negative Aufladung des Gitterkondensators. Dem Gitterspannungsverlauf sind S y n c h r o n i s i e r i m p u l s e einer siebenmal höheren Frequenz überlagert, und man erkennt, wie jeder siebente Impuls zwangsweise den Einsatz des Kippvorganges auslöst. Die Genauigkeit dieses Synchronisiervorgangs sowie der Schwingungsablauf selbst ist fast nur mit einem Oszillographen feststellbar, denn die anderen Meßgeräte der Elektrotechnik zeigen Effektiv- oder Spitzenwerte der Schwingungen an, geben aber kein Bild des zeitlichen Ablaufs im einzelnen.

153. Ein anderes Anwendungsgebiet des Oszillographen ist die **Aufzeichnung** von **Kennlinien,** d. h. die Darstellung der Abhängigkeit zweier elektrischer Größen voneinander. Das ist z. B. wichtig bei Elektronenröhren. Abb. 166 zeigt eine **Schaltung** zur Aufnahme der Anodenstrom-Anodenspannungskennlinie von Elektronenröhren. Die Anodenspannung wird als Wechselspannung zugleich an die zu messende Röhre und an die vertikalen Ablenkplatten der Braunschen Röhre gelegt. In dem Anodenkreis liegt ein Widerstand R_a, an dem eine dem Anodenstrom i_a proportionale Spannung $i_a \cdot R_a$ entsteht, die dem anderen Ablenkplattenpaar der Braunschen Röhre zugeführt wird. Die Ablenkung des Leuchtflecks in vertikaler Richtung entspricht also der Anoden**stromstärke,** die Ablenkung in horizontaler Richtung der Anoden**spannung.** Da Wechselspannungen benutzt werden, wird die Kennlinie periodisch durchlaufen, und es entsteht auf dem Bildschirm eine leuchtende Kurve. (Man kann in den Anodenkreis zusätzlich noch eine Batterie einschalten, um auch die negativen Halbwellen der Anodenwechselspannung auszunutzen.)

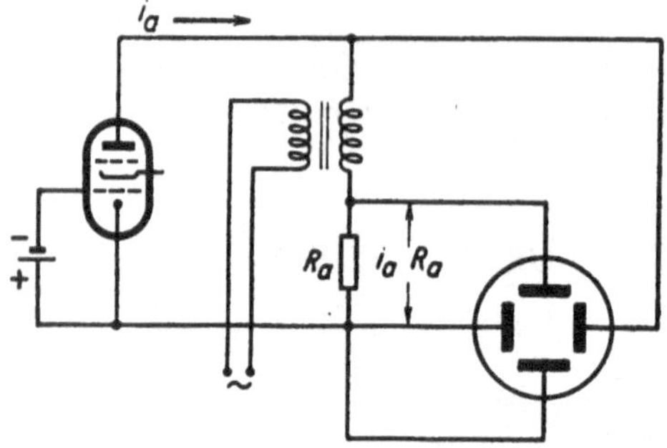

Abb. 166. Schaltung zur oszillographischen Aufnahme von Röhrenkennlinien

Abb. 167 zeigt zwei mit dieser Schaltung aufgenommene Kennlinien, und zwar links die typische Kennlinie einer **Triode** und rechts die typische Form bei einer **Pentode.**

154. Ein weiteres wichtiges Anwendungsgebiet des Kathodenstrahloszillographen liegt in der **Messung kurzer Zeitintervalle (Laufzeitmessungen).** Solche Messungen sind z. B. für Untersuchungen der A u s b r e i t u n g e l e k t r i s c h e r W e l l e n benutzt worden. Bekanntlich wird die Ausbreitung elektrischer Wellen entscheidend durch R e f l e x i o n s e r s c h e i n u n g e n an höheren, ionisierten Schichten unserer Atmosphäre beeinflußt. Von großer Bedeutung ist daher die genaue Kenntnis der Höhe dieser Ionosphäre. Zu deren Messungen wurde z. B. ein in Abb. 168 dargestelltes impulsförmiges Meßverfahren angewendet. Das Verfahren beruht darauf, daß von einem **Sender** Hochfrequenzimpulse ausgestrahlt werden, die einmal auf dem Weg 1 **direkt,** zum anderen Teil aber über die **Reflexion** an der Ionosphäre

(Weg 2) zu dem benachbarten **Empfänger** gelangen und dort die Ablenkung eines Kathodenstrahlbündels in einer Braunschen Röhre steuern. Da der Weg 2 **länger** ist, treffen die beiden Anteile **nacheinander** ein, und aus der

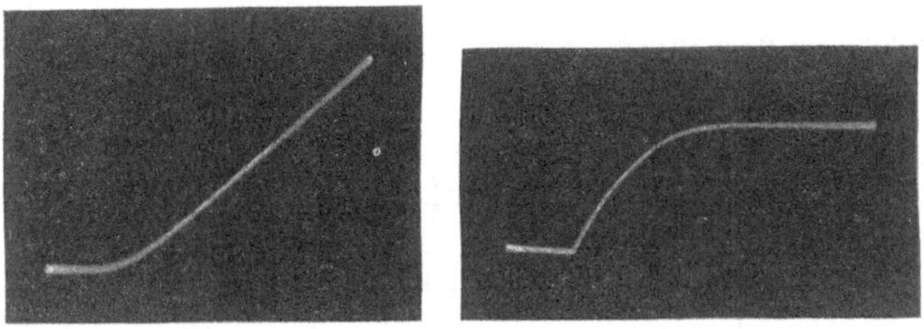

Abb. 167. Oszillographisch aufgenommene Anodenstrom-Anodenspannungskennlinien einer Triode (links) und einer Pentode (rechts)

Zeitdifferenz kann man die **Wegdifferenz** und somit die Höhe der reflektierenden Schicht berechnen. Zur genauen Messung der Zeitdifferenz ist eine Zeitachse in Form einer **Kreisablenkung** vorgesehen, die über eine besondere Verbindung mit der Impulsfrequenz des Senders synchronisiert

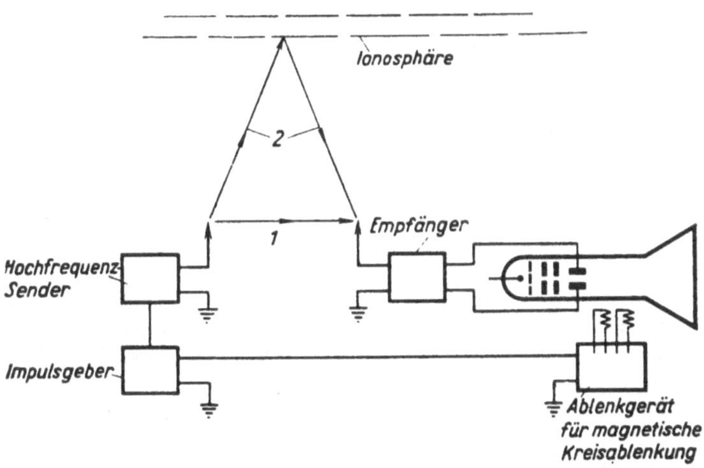

Abb. 168. Meßanordnung zur Bestimmung der Höhe der Ionosphäre mit einem Kathodenstrahloszillograph

wird. Aus dem Abstand der beiden Impulse des direkten und reflektierten Signals auf der Kreisbahn kann die Zeit gut abgemessen werden.

155. Eine besonders große Anwendung haben die Kathodenstrahlröhren in der **Fernsehtechnik** gefunden. Den grundsätzlichen Aufbau eines Fernsehempfangsgerätes zeigt Abb. 169. Die von der Antenne aufgenommenen Hochfrequenzschwingungen werden über die **Vor-** und **Mischstufe** dem

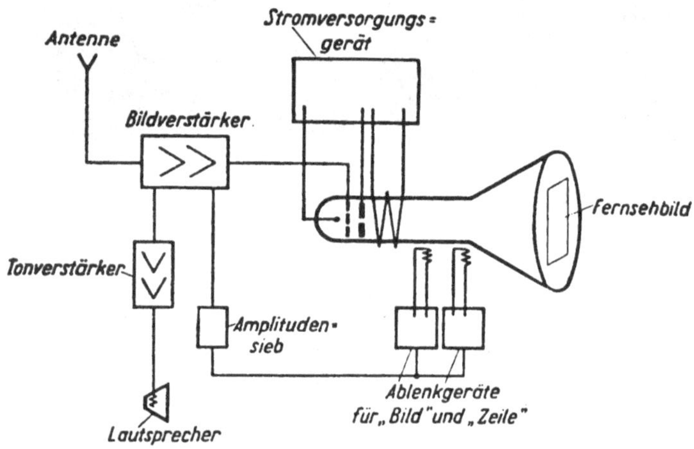

Abb. 169. Schema eines Fernsehempfangsgerätes

Bildverstärker zugeführt und steuern nach erheblicher Verstärkung und **Gleichrichtung** die Helligkeit des schreibenden Elektronenstrahlbündels. Gleichzeitig wird das den begleitenden Ton führende Frequenzband ausgefiltert und dem getrennten **Tonverstärker, Gleichrichter** und **Lautsprecher** zugeführt. Am Ausgang des Bildverstärkers werden weiterhin mit einem **Amplitudensieb** die hochfrequent mitübertragenen **Synchronisierimpulse** ausgefiltert und zur Steuerung den beiden **Ablenkgeräten** für Bild und Zeile zugeführt. Außerdem ist noch ein Stromversorgungsgerät vorhanden, das die Betriebsspannungen für das Strahlerzeugersystem der Bildschreibröhre liefert. Im einzelnen zeigt die Abb. 170 die Schaltung eines Fernsehempfangsgerätes, und zwar handelt es sich um die Schaltung des Einheitsgerätes E 1.

Einen Einblick in die technische Ausführung eines Fernsehempfängers gibt Abb. 171. Hier ist die Röhre senkrecht aufgehängt, und das Bild wird über einen um etwa 45° geneigten großen Spiegel betrachtet.

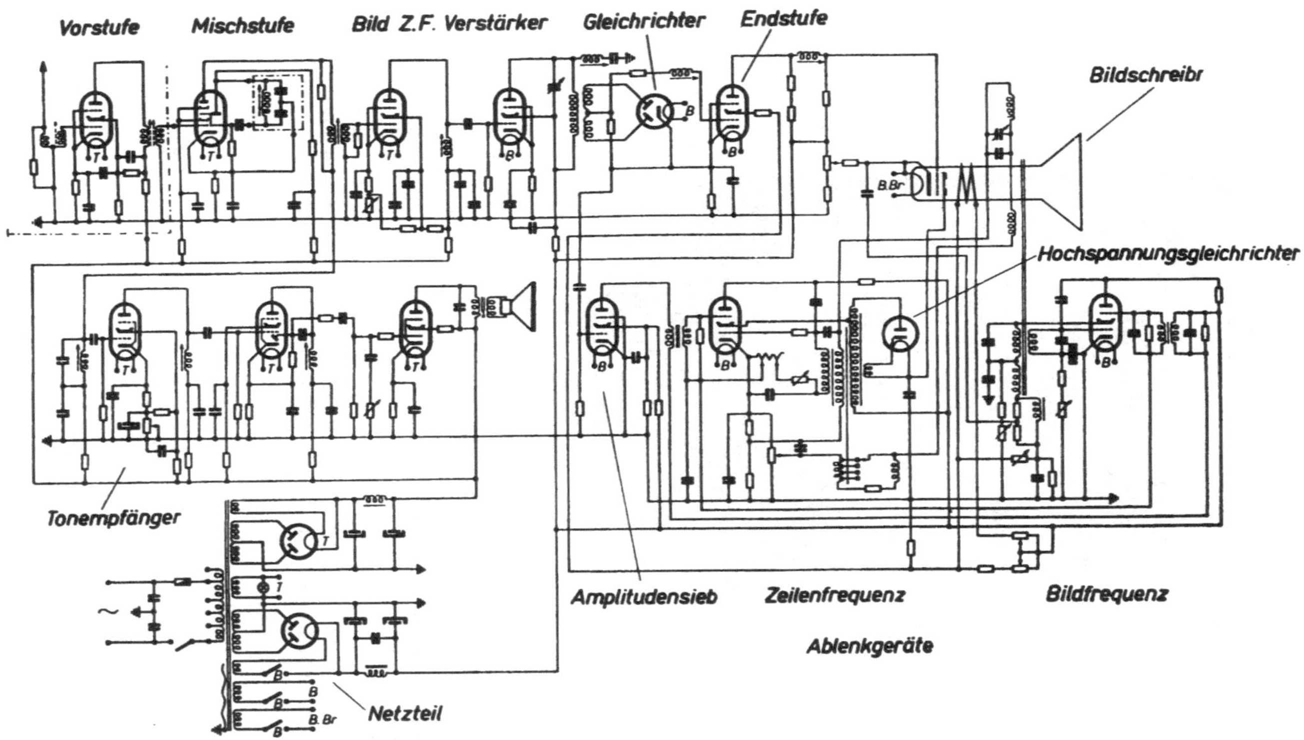

Abb. 170. Schaltung des Deutschen Einheitsfernsehempfängers E 1

Abb. 171. Innenansicht eines Fernsehgerätes (Telefunken)

Der in verschiedenen Ländern eingeführte Fernsehrundfunk arbeitet mit Zeilenzahlen von der Größenordnung 500. Die in Abb. 172 wiedergegebene Photographie eines Fernsehbildes am Empfangsgerät (441 Zeilen, Laborapparatur) läßt erkennen, daß mit derartigen Zeilenzahlen eine für unterhaltende und künstlerische Zwecke gut ausreichende Bildfeinheit erreicht wird.

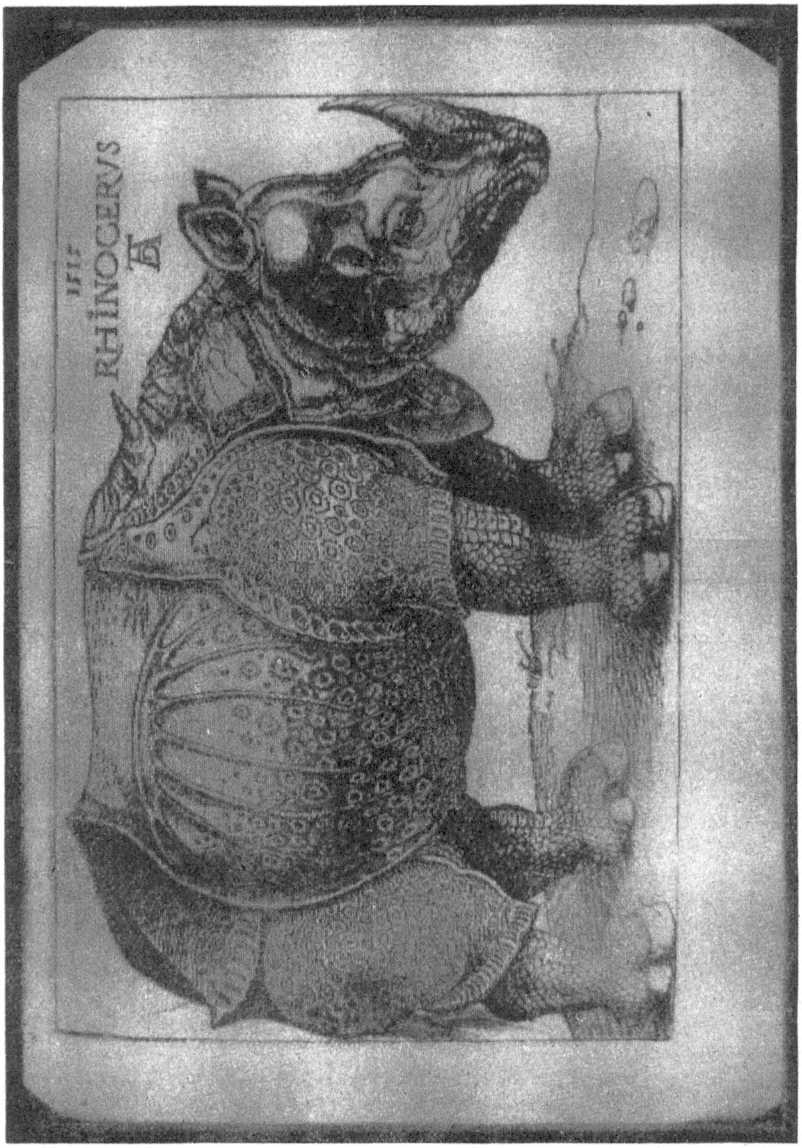

Abb. 172. 441 Zeilen-Fernsehbild einer Strichzeichnung (Telefunken)

Sachverzeichnis

FSC
www.fsc.org
MIX
Papier | Fördert
gute Waldnutzung
FSC® C083411

Zeitfracht Medien GmbH
Ferdinand-Jühlke-Straße 7
99095 Erfurt, Deutschland
produktsicherheit@kolibri360.de